U0316292

灌区水权流转制度建设与管理模式研究

——以宁夏中部干旱带扬黄灌区与补灌区为例

钟玉秀　付　健　王亦宁　李培蕾

陈　博　刘洪先　刘学军　马海峰　著

中国水利水电出版社
www.waterpub.com.cn

内 容 提 要

开展灌区水权制度建设，建立灌区水权流转制度，是推行市场化机制优化配置灌区水资源、提高灌区用水效率和效益的重要途径。宁夏中部干旱带的扬黄灌区农业用水占绝对优势，约占总用水量的 98％，由于宁夏中部各县市已经实施了初始水权分配，主要是农业用水权，因此迫切需要加强和创新水权制度，建立灌区农业水权流转制度来破解水资源对经济社会发展的制约。

本书研究提出了宁夏中部干旱带扬黄灌区水权流转制度建设的总体思路，围绕转让水的取得、水权转让活动和行为（过程）管理、水权转让中保障机制和利益保护机制等方面开展了研究，设计提出了宁夏中部干旱带水权转让技术方案、水权转让费用构成和确定方法等，并对延伸区补灌工程管理体制机制与制度、供水水价机制等进行了探讨。

本书可供从事水资源管理、水经济研究的工作人员，以及相关专业的教学人员参考使用。

图书在版编目（ＣＩＰ）数据

灌区水权流转制度建设与管理模式研究：以宁夏中部干旱带扬黄灌区与补灌区为例 / 钟玉秀等著. -- 北京：中国水利水电出版社，2016.3
ISBN 978-7-5170-4208-2

Ⅰ．①灌… Ⅱ．①钟… Ⅲ．①灌区－水资源管理－研究－宁夏 Ⅳ．①TV213.4

中国版本图书馆CIP数据核字(2016)第061537号

书　　名	灌区水权流转制度建设与管理模式研究——以宁夏中部干旱带扬黄灌区与补灌区为例
作　　者	钟玉秀　等　著
出版发行	中国水利水电出版社 （北京市海淀区玉渊潭南路 1 号 D 座　100038） 网址：www.waterpub.com.cn E-mail：sales@waterpub.com.cn 电话：(010) 68367658（发行部）
经　　售	北京科水图书销售中心（零售） 电话：(010) 88383994、63202643、68545874 全国各地新华书店和相关出版物销售网点
排　　版	中国水利水电出版社微机排版中心
印　　刷	北京嘉恒彩色印刷有限责任公司
规　　格	184mm×260mm　16 开本　11 印张　208 千字　4 插页
版　　次	2016 年 3 月第 1 版　2016 年 3 月第 1 次印刷
印　　数	0001—1500 册
定　　价	**42.00 元**

扬黄工程输水管道

扬黄工程泵站机组

扬黄引水渠首工程

扬黄水调蓄水池

与红寺堡和固海管理处座谈

与盐环定管理处座谈

扬黄调蓄水库

太阳山供水厂

泵站

与太阳山水务公司座谈

项目实施方案审查

项目调研

节水补灌技术示范区调研

田间节水设施

节水蔬菜培植技术

温室植物种植——精确施水施肥

玉米沟灌

课题组讨论会

矽砂瓜滴灌种植

调整种植结构节水——葡萄种植

滴灌系统首部过滤设备

乡镇供水管理站

与盐池县水务局座谈

红寺堡水务局座谈会

马铃薯滴灌

大棚节水设施

葡萄种植灌溉设施

滴灌控制设施

盐池县座谈会

中宁县座谈会

蔬菜大棚种植

固原市原州区座谈会

项目调研

大棚种植

项目成果银川咨询会

项目成果北京咨询会

项 目 名 称：宁夏扬黄灌区水量分配及水权研究

项目承担单位：水利部发展研究中心

项目协作单位：宁夏水利科学研究院

宁夏水文水资源勘测局

项 目 负 责 人：钟玉秀

项目执行负责人：付 健 王亦宁 刘学军

马海峰 马如国 包淑萍

主要参加人员：陈 博 刘洪先 刘宝勤 田 巍 杜 历 魏礼宁

陈 丹 李培蕾 李 伟 吴海霞 陈耀文 方旭洁

张克俭 张海涛 李淑霞 杨林平 贾俊香

项 目 名 称：宁夏扬黄工程延伸区限额供用水管理技术研究

项 目 负 责 人：钟玉秀

项目执行负责人：李培蕾 刘洪先

课 题 组 成 员：双文元 刘铁刚 李 伟 付 健 王亦宁 陈 博

序
XU

　　水是生命之源、生产之要、生态之基。近年来，我国水资源短缺、水生态损害、水环境污染费用等新老问题相互交织，水安全问题愈加凸显，已经成为制约经济社会可持续发展的瓶颈。创新水资源管理，加强水资源节约与保护，节水优先，非常必要且迫在眉睫。水权水价水市场是市场配置水资源的机制和手段，有利于节水激励的产生，能有效调动用水户节水的积极性。通过分配水权，明晰所有者、使用者的权利和义务，使水权拥有者产生节约水、保护水的主动力；利用水权转让重新分配水资源，促进水资源从低效益的用途向高效益的用途转移，提高水资源利用效率和效益。明晰水权，规范水权交易，培育和发展水市场，是对我国传统水资源管理方式的变革，是深化水利改革的重要内容，将有利于水资源优化配置和高效利用。

　　党中央、国务院高度重视水权水市场建设。2011 年中央一号文件明确提出，要建立和完善国家水权制度，充分运用市场机制优化配置水资源。党的十八大要求，积极开展水权交易试点。党的十八届三中全会把健全自然资源资产产权制度和用途管制制度作为生态文明制度体系的重要内容，强调要对水流等自然生态空间进行统一确权登记，要推行水权交易制度。2014 年 3 月 14 日，习近平总书记在听取水安全汇报时强调，"要推动建立水权制度，明确水权归属，培育水权交易市场，但也要防止农业、生态和居民生活用水被挤占。"2014 年 11 月，国务院印发《国务院关于创新重点领域投融资机制鼓励社会投资的指导意见》（国发〔2014〕60 号）明确提出，

"通过水权制度改革吸引社会资本参与水资源开发利用和保护。加快建立水权制度，培育和规范水权交易市场，积极探索多种形式的水权交易流转方式，允许各地通过水权交易满足新增合理用水需求。"水利部于 2014 年 7 月在《关于开展水权试点工作的通知》中，选择了包括宁夏回族自治区在内的 7 个地区作为水权交易试点地区。因此，加快推进水权水市场建设已经成为我国当前乃至今后的一项重大而紧迫的任务。

宁夏回族自治区中部干旱带地处蒙陕甘宁"能源金三角"地区，黄河用水总量控制指标已经分解到市县，大量工业项目因缺乏用水指标而无法建设，延伸补灌区的建设也必须依靠盘活存量才能顺利实施，在宁夏中部干旱带探索开展水权交易是势在必行。

该书作者很早就关注了上述地区的水资源问题，于 2010 年开始针对宁夏中部干旱带水权问题开展前瞻性研究，在其完成的"宁夏扬黄灌区水量分配及水权研究"和"宁夏扬黄工程延伸区限额供用水管理技术研究"成果基础上，撰写了《灌区水权流转制度建设与管理模式研究》一书。该书突出了研究成果的重要进展，包括从完善水权分配机制、规范水权转让活动和行为、合理构建水权转让价格形成机制、建立水权转让保障机制等四个方面系统提出了宁夏中部干旱带水权转让制度建设的总体思路，设计了水权转让机制和制度框架。通过建立水权转让利益分配机制，使农业初始水权所有者产生农业节水内生动力，推动可转让水的获得；通过规范水权转让活动和行为（过程），建立水权转让保障机制，处理好政府作用与市场机制的关系；通过建立水权转让利益保护机制，处理好注重效率与保障公平的关系；结合中部干旱带实际，制定了水权转让技术方案，可直接用于实践指导，处理好顶层设计与实践探索的关系。此外，该书还构建了延伸区补灌工程管理体制、运行机制与管理制度、工程供水水价机制等，为延伸区补灌工程加强用水管理提供体制机制保障。

总的来说，该书全方位为宁夏中部干旱带水权转让制度建设进行了理论和实践方案准备。水利部启动水权试点工作后，该研究成果已经用于指导宁夏红寺堡区、贺兰县等开展水权交易探索，为宁夏回族自治区开展农户向流转大户、农业向工业的水权交易试点提供了关键的理论和技术支撑。该书的出版对推动我国水权制度建设具有重要意义，将为新疆吐鲁番、四川双流等其他地区利用水权管理建立农业节水的激励机制和动力机制提供借鉴，并对广大读者提供有益的帮助。

2015 年 11 月 6 日

前言
QIANYAN

　　宁夏中部干旱带位于宁夏回族自治区中部,地广人稀,是革命老区、少数民族聚居区和集中连片贫困地区,土地、能源资源丰富,水资源极度紧缺,生态脆弱,脱贫致富任务繁重。自 1975 年以来,该地区开始陆续修建扬黄工程,利用黄河水建设农业灌区和发展经济。经过 30 余年的开发建设,到 2011 年,共建设了 4 个大型、2 个中型、60 余处小型扬黄工程,开发灌溉面积 200.71 万亩,形成了四大扬黄灌区。扬黄水是当地人民赖以生存和地区经济发展不可替代的水源,有力地支撑了当地经济社会发展。

　　随着宁夏中部干旱带农业、工业、生活等各业用水需求不断增长,水资源短缺仍然是该地区经济社会发展的明显短板,如太阳山等工业园区发展和盐池县居民生活用水的新增用水需求亟待解决。2009 年《国务院关于进一步促进宁夏经济社会发展的若干意见》提出:"中部干旱风沙区要以解决农村饮水安全为重点,加强地下水勘查,改造扬黄工程,扩大供水范围,建设集雨设施,确保饮水安全。"同年,国家正式批复"宁夏中部干旱带高效节水补灌工程项目",规划在中部干旱带发展节水补灌面积 129.5 万亩,解决 55.08 万人畜饮水安全。

　　宁夏回族自治区已经将黄河用水指标分配到县级行政区域,分配给中部干旱带各县级行政区域的年度黄河用水指标,近年来使用已接近上限,其中红寺堡扬黄灌区更是出现超用水现象,而短时期内中部干旱带新增用水需求难以通过新增黄河用水指标来满足。在这个背景下,如何把扬黄工程提供的"保命水、扶贫水"转变为

"发展水、致富水"，是宁夏中部干旱带当前需要解决的关键问题。自治区提出在不增加扬黄灌区用水总量的情况下，按照节约优先、立足挖潜、合理使用、优化结构，改革体制、创新机制的原则，充分发挥科技支撑作用，进一步提高扬黄水灌溉效益，延伸扩大四大扬水工程供水范围，实现当地经济社会跨越式发展。因规划节水补灌面积较大和区域新增用水需求量较大，一方面必须采取相应的节水补灌技术，将灌溉定额限定在 $50 \sim 70 m^3$ 才能保证规划的全部实现；另一方面必须进一步实现扬黄灌区农业节水，并通过水权转换的方式将节余水量转给新增用水行业，满足其需要。鉴于我国近些年已开展的水权转让实践，包括宁夏引黄灌区开展的水权转换实践，主要是农业水权向工业用水、生活用水转让，它是依靠行政手段推动的，并没有建立起以市场机制为基础的水权流转规则体系。水权出让方的自主决策权缺乏，水权受让方也缺乏充足的条件来选择水权出让方和进行市场谈判，水权的受让和出让双方发挥主观能动性的空间较小，真正意义上的"水市场"并未形成，相应的竞争机制、价格机制等也没有建立。尤其是农业用水户及农业用水相关管理单位并不参与其中，无法通过产权激励和水价调节机制，充分调动农业用水户节水动力。开展宁夏中部干旱带水权流转制度建设，希望真正调动包括农民用水户等利益相关方开展农业节水，提供水权转让的内生动力。

初始水权分配是开展水权转让的前提和基础，一般可分为流域层面的水权分配、区域层面的水权分配、取水许可层面的水权分配和用户层面的水权分配（在某些情况下，取水许可层面和用户层面的水权分配是重合的）。目前，宁夏中部地区已经完成县级层面的水权指标分配，在全国走在前列，但要全面开展农业水权流转，仍存在两个亟待解决的问题。一是用水户层面的初始水权尚不明晰。目前宁夏中部地区尚未明确农业用水户的初始水权，其他工业企业等初始水权也未明确，可转让的水权无从核算。二是节余水量的归属权不明。在输配水环节和田间用水环节都可以获得节余水量。前者主要是通过渠道衬砌，减少渠系水的渗漏、蒸发等损失获得，实际上是减少地下水补给水量而形成的水权，可以归为环境水权。该部分水权的收益应如何核算和使用，由谁拥有该部分水权等问题尚未明确。后者一般通过调整种植结构、使用高效节水灌溉技术和农艺措施等产生，对应的水权应属于农业用水户，但这一点并未明确。由于扬黄灌区主要针对节余水量开展水权流转，其归属权不明，则水权流转无从开展。

2010 年水利部公益性行业科研项目——宁夏中部干旱带水资源高效利用关键技术研究项目，是确保该地区水资源高效利用的顶层设计，目的是在确保国家规定的灌溉引水量不突破的条件下，通过技术开发与集成，最大限度地挖掘中部干旱带灌区节水潜力，拓展延伸中部干旱带地区限额灌溉；通过强化灌区水量分配及水权管理，把水权转换与转变农业发展方式有机结合起来，发挥市场机制的作用，提高中部干旱带引黄水的利用效率和效益，保障当地居民及移民的用水需求，促进区域经济社会可持续发展及社会和谐。

作为该项目的重要组成部分，"宁夏扬黄灌区水量分配及水权研究"项目专门研究区域扬黄水资源的分配与水权问题，探索中部干旱带水权转让制度建设。旨在通过水权转让功能的实现，促使用水户通过节水出让水资源受益权，收到降低用水成本和节水增效双重效益；促进节余水量向效益高的产业流动，实现用水效益最大化，真正解决农业节水的市场动力问题。本课题承担单位是水利部发展研究中心，协作单位是宁夏水利科学研究院和宁夏水文水资源勘测局。自 2010 年 9 月项目正式启动，课题组历时 3 年，多次赴宁夏中部干旱带吴忠市、中卫市、中宁县、固原市、盐池县开展了实地调查，收集基础资料，进行数据整理与深入分析，取得了研究成果，还多次召开了水利厅层面领导和专家咨询会，听取了各方意见，对成果进行修改完善。主要成果包括：①合理确定了扬黄水量在各业分配中的比例和定量关系，在项目区分配了各业用水水权；通过优化作物种植结构和灌溉定额，科学测算并分析了扬黄灌区节水和水权转让潜力。②深入分析了宁夏中部干旱带水资源价值与扬黄灌区现状灌溉用水价格，剖析了影响水权转让价格的主要因素；提出了水权转让价格的定价原则、费用构成及具体确定方法。③研究提出了宁夏中部干旱带加强水权制度建设的总体思路及水权转让的原则，分析了水权转让的类型，设计了水权转让机制的总体框架以及13种机制。④基于水权转让相关方的利益关系分析，详细制定了宁夏中部干旱带水权转让的技术实施方案，明确了实施主体、转让方式、转让程序、转让期限、转让价格、水市场监管等。⑤分析了水权转让对农业、农民和生态环境造成的影响，设计了农业、农民权益和生态环境保护制度，尤其是水权转让第三方影响评估制度和水权转让补偿制度。研究成果于2014年10月通过了水利部组织的评审验收。

此外，水利部发展研究中心还承担了"宁夏扬黄工程延伸区限额供用水管理技术研究"任务，它是宁夏中部干旱带水资源高效利用关键技术研究项目的另一子项目"宁夏中部干旱带扬黄延伸区限额灌溉技术研究"的重要组成部分。课题组通过实地调研、悉心研究和多次修改，形成了研究成果：①开展扬黄延伸区已建成运行的延伸补灌工程现状管理模式调研，总结成功经验及存在问题，研究扬黄延伸区工程运行管理体制和运行机制，提出延伸区限额供用水可持续运行管理模式。②研究扬黄延伸区工程水价成本构成及定价模式，建立有利于促进农业节水、工程良性运行的水价形成机制和水费收缴模式。③对延伸区补灌工程建设、运行管理等保障措施开展研究，提出对策建议。研究成果也通过了水利部组织的评审验收。

作者在"宁夏扬黄灌区水量分配及水权研究"和"宁夏扬黄工程延伸区限额供用水管理技术研究"研究成果的基础上，撰写了这部《灌区水权流转制度建设与管理模式研究》学术专著，希望有助于推动开展宁夏中部干旱带扬黄灌区水权流转制度建设，并对其他地区探索农业水权流转制度提供帮助。全书的编写分工如下：第1

章由刘学军、马海峰、李培蕾撰写；第 2、7、8 章由钟玉秀、付健、王亦宁撰写；第 3 章由钟玉秀、刘学军、付健、马海峰撰写；第 4 章由钟玉秀、付健、陈博撰写；第 5 章由刘洪先、王亦宁撰写；第 6 章由钟玉秀、陈博撰写；第 9 章由钟玉秀、刘洪先、李培蕾撰写；第 10 章由钟玉秀、李培蕾、付健、陈博撰写；第 11 章由钟玉秀、付健、李培蕾、王亦宁撰写。全书由钟玉秀统稿、付健任助理。本书凝聚了集体的心血和智慧。本书在编写过程中得到了许多领导、专家和学者的大力支持、亲切指导和热情帮助。我们谨对水利部、宁夏水利厅、红寺堡扬水管理处、盐环定扬水管理处、固海扬水管理处、太阳山工业园区水务有限公司、盐池县水务局、盐池县灌溉管理所等单位给予的大力支持、配合和帮助表示衷心的感谢；谨对刘文、任光照、刘颖秋等多次给予的关怀和细心指导表示诚挚的谢意。

还应该提及的是，党的十八大已明确要求"积极开展水权交易试点"。2014 年《水利部关于深化水利改革的指导意见》（水规计〔2014〕48 号）也提出，要建立健全水权交易制度，开展水权交易试点，探索多种形式的水权流转方式，积极培育水市场，完善水资源用途管制制度。2014 年 7 月《水利部关于开展水权试点工作的通知》（水资源〔2014〕222 号）已将宁夏列入试点地区，明确指示在确权登记的基础上，可进一步探索开展多种形式的水权交易流转。本书虽与广大读者见面，但水权制度建设是一个长期的过程，需要在实践中不断探索和完善。

由于时间紧、任务重，加之作者水平有限，本书尚存在许多不足之处，敬请广大读者批评指正。

作者

2015 年 6 月于北京

目录
MULU

第1章

概　　述

　　宁夏中部干旱带地势复杂，地广人稀，是少数民族聚居区，土地资源与能源丰富，但水资源紧缺，民生问题突出，属于连片贫困地区。要以有限水资源支撑区域经济社会可持续发展的需要，必须有效解决水资源短缺问题，这是当前面临的区域难题。扬黄灌区位于中部干旱带，自然地理条件特殊，农业人口众多，经济社会发展较为落后，目前已经将黄河初始水权分配到县级层面，但用水状况不尽合理。2009 年国家正式批复《宁夏中部干旱带高效节水补灌工程项目》，规划在中部干旱带发展节水补灌面积 129.5 万亩，解决 55.08 万人畜饮水安全。中部干旱带节水补灌面积已成为扬黄灌区节水补灌延伸区，简称延伸区，截至 2014 年底，延伸区工程建设已经全部完成，其工程运行管理还需要进一步提升。

1.1　宁夏中部干旱带及扬黄灌区概况

1.1.1　自然地理概况

　　宁夏回族自治区位于我国中部偏北，处在黄河中上游地区及沙漠与黄土高原的交接地带，地跨东部季风区域和西北干旱区域，毗邻青藏高寒区域，地理坐标位于东经 104°17′～107°39′，北纬 35°14′～39°23′，国土面积 6.64 万 km²（计算面积 5.18 万 km²），地势南高北低，气候属温带大陆性干旱、半干旱气候，四季分明，冬天长夏天短，年降水量在 150～600mm 之间。现辖银川、石嘴山、吴忠、中卫、固原 5 个地级市，9 个市辖区、2 个县级市和 11 个县。

　　宁夏中部干旱带位于黄河以南、六盘山区以北，属毛乌素沙地和腾格里沙漠边缘的干旱风沙区。北临引黄灌区，南连黄土丘陵沟壑区，东靠毛乌素沙漠，西北接腾格里沙漠，年降水量在 200～350mm 之间，且分布不均，年蒸发量为 2201.9mm，是降雨量的 6～10 倍，人均水资源量是全国平均水平的 14%。区域范围包括吴忠市的盐池县、同心县、红寺堡区及利通区山区，中卫市的海原县、中宁县山区部分和沙坡头区的山区部分，固原市的原州区北部、西吉县西部、彭阳县北部，以及银川市的灵武市山区部分，共涉及 4 个地级市的 11 个县（市、区），总面积 3.51 万 km²，占全区的近 1/2。

　　自 20 世纪 70 年代以来，宁夏中部干旱带共建设了 4 个大型、2 个中型、60 余处小型扬黄灌溉工程，并以 4 个大型扬黄灌溉工程为依托，形成了中部干旱带四大扬黄灌区，分别是红寺堡扬黄灌区、盐环定扬黄灌区宁夏部分、固海扬黄灌区和固海扩灌扬黄灌区，主要分布在吴忠市的同心县、盐池县、红寺堡区、利通区，中卫市的中宁县、海原县、沙坡头区，固原市的原州区以及银川市的灵武市，范围包括 4 个地级市的 4 县、3 区和 1 市。四大扬黄灌区地理位置情况见表 1-1。

表 1-1　　　　　　　　宁夏中部干旱带四大扬黄灌区地理位置情况

灌区名称	大体位置	经纬度	涉及区域
红寺堡	位于大罗山脚下，沿大罗山分布，属山间盆地	东经 105°45′~106°30′ 北纬 37°10′~37°29′	中宁、同心、吴忠、灵武 4 县市 7 乡镇
盐环定	位于宁夏东部，北与内蒙古鄂托克前旗相连，南与甘肃环县毗邻，东部紧靠陕西省的定边县	东经 106°30′~107°47′ 北纬 37°04′~38°10′	宁夏盐池县、灵武市、同心县
固海	位于宁夏清水河流域中下游河谷川塬上	东经 105°26′~106°14′ 北纬 36°26′~37°33′	固原市原州区、吴忠市同心县和红寺堡区、中卫市沙坡头区、海原县和中宁县及中宁长山头农场和中卫山羊场
固海扩灌	位于宁夏清水河河谷平原中部	东经 105°35′~106°12′ 北纬 36°11′~37°18′	固原市原州区、吴忠市同心县和红寺堡区、中卫市海原县和中宁县

1.1.2　人口及经济社会概况

1. 人口状况

　　宁夏中部干旱带总人口 150 万人，占全区总人口的 1/4。其中，农业人口占绝大部分，少数民族人口较多。

　　四大扬黄灌区总人口 62.54 万人（表 1-2），占全区总人口的 9.9%。其中，红寺堡扬黄灌区和固海扬黄灌区回族人口比例分别为 57% 和 70%，四大扬黄灌区农业人口均超过 70%。此外，红寺堡扬黄灌区是自治区目前最大的生态移民扶贫开发区，自 20 世纪 90 年代灌区建设以来，先后从宁夏南部山区的海原、西吉、原州区、隆德、彭阳、泾源、同心 7 个贫困县和中宁县部分贫困乡村移民 19.7 万人。

表 1 - 2　　　　　　　　宁夏中部干旱带四大扬黄灌区人口情况

灌区名称	县（区）	人口/万人	比例/%
红寺堡	中宁县	1.5	6.5
	红寺堡区	19.7	85.5
	同心县	1.84	8
	合计	23.04	100
盐环定	盐池县	6.6	78.6
	同心县	0.9	10.7
	利通区	0.9	10.7
	合计	8.4	100
固海	沙坡头区	0.58	1.9
	中宁县	8.97	33.8
	红寺堡区	0.85	3.9
	海原县	3.82	16.8
	同心县	9.77	43.6
	合计	23.99	100
固海扩灌	中宁县	0.031	0.44
	同心县	2.828	39.83
	海原县	3.627	51.08
	原州区	0.584	8.23
	红寺堡区	0.031	0.44
	合计	7.101	100

2. 产业发展

宁夏回族自治区是以山西为中心的能源重化工基地和黄河上游水能矿产开发区的组成部分。中部干旱带属于连片贫困地区，经济基础薄弱，发展速度缓慢，第一、第二、第三产业发展比例不协调，2011年涉及的10个县（市、区）产业发展情况见表1-3。其中，第一产业占比远远高于宁夏全区，第二产业占比远远低于宁夏全区，第三产业占比略低于宁夏全区。

四大扬黄灌区粮食作物以小麦、玉米为主，经济作物主要是油料、设施蔬菜等，工业发展较缓慢，主要工业有建材、纺织、化工、农机具、面粉加工等，生产规模小、投资少、效益比较低。四大扬黄灌区产业发展情况见表1-4。

表 1-3　　　　　宁夏中部干旱带各县（市、区）产业发展情况　　　　单位：万元

地级市	县（市、区）	GDP	第一产业	第二产业	第三产业
吴忠市	盐池县	350220	46655	183707	119858
	同心县	315170	81346	123225	110599
	红寺堡区	87337	34493	26679	26165
	利通区	881029	137224	434627	309177
中卫市	海原县	251698	80513	48067	123118
	中宁县	868532	138153	484409	245971
	沙坡头区	1183085	174645	479129	529311
固原市	原州区	563763	99565	144928	319270
	西吉县	292505	92429	70255	129821
	彭阳县	227425	89537	69952	67936
银川市	灵武市	2193090	81193	1864198	247698

表 1-4　　　　　　　　　　四大扬黄灌区产业发展情况

灌区	县（市、区）	受益人口/万人	地区生产总值/万元	第一产业		第二产业		第三产业	
				增加值/万元	所占百分比/%	增加值/万元	所占百分比/%	增加值/万元	所占百分比/%
红寺堡	中宁县	1.5	10800	2916	39	3456	25	4428	36
	红寺堡区	19.7	73620	30614		17494		25512	
	同心	1.84	10304	3297		2885		4122	
	合计	23.04	94724	36827		23835		34062	
盐环定	盐池县	6.6	27060	8659	31.2	7577	28.6	10824	40.2
	同心县	0.9	2800	896		784		1120	
	利通区	0.9	5581	1507		1786		2288	
	合计	8	35441	11062		10147		14232	
固海	沙坡头区	0.58	3780	1021	33.6	1210	28.2	1550	38.2
	中宁县	8.97	64552	17429		20657		26466	
	红寺堡区	0.85	4781	1530		1339		1912	
	海原县	3.82	14156	5889		3363		4904	
	同心县	9.77	43021	17897		10220		14903	
	合计	24	130289	43766		36788		49735	
固海扩灌	中宁县	0.03	5023	1356	28.4	1607	30.9	2059	40.7
	同心县	2.83	283528	88496		81176		113856	
	海原县	3.63	0	0		0		0	
	原州区	0.58	2193	592		702		899	
	红寺堡区	0.03	579031	156338		185293		237400	
	合计	7.1	869775	246783		268778		354214	
宁夏全区					9.4		48.9		41.7

1.1.3 水资源特点

宁夏回族自治区地处西北干旱地区，降雨量小，蒸发量大，水资源的突出特点是量少质差。全区水资源严重短缺，且大部分水资源矿化度高，水质条件较差，不符合灌溉和人畜饮水标准，本地水开发利用难度大，经济社会用水主要依靠过境黄河水。根据 1987 年国务院批准的黄河水分配方案，正常年份允许宁夏耗用黄河水 40 亿 m³（包括支流水量，且根据黄河来水情况进行同比例"丰增枯减"原则调度）。加上不重复计算的 1.5 亿 m³ 地下水可利用量，宁夏水资源可利用总量只有 41.5 亿 m³，人均可利用水资源量约 660m³，不足全国平均水平的 1/3。

中部干旱带人均可利用水资源量更是远远低于宁夏全区平均水平。中部干旱带多年平均降雨量 266mm，当地可利用的黄河支流水资源量为 0.51 亿 m³，加上黄河干流分配指标，可利用水资源总量为 5.18 亿 m³，人均可利用水资源量 302m³，还不足宁夏全区平均水平的 1/2。图 1-1 给出了宁夏各分区水资源分布情况。

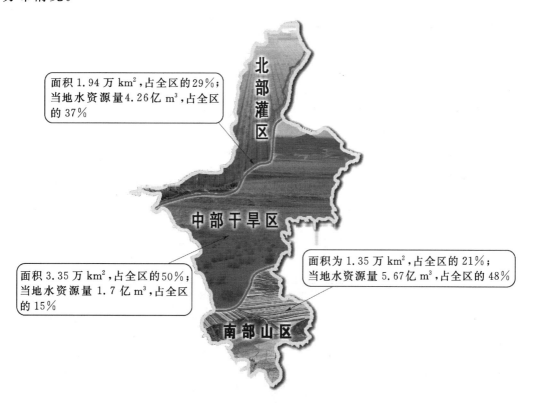

图 1-1 宁夏各分区水资源分布情况

四大扬黄灌区当地水资源量较小，主要水源是扬黄水，具体水资源情况见

表 1-5，可利用水资源量见表 1-6。

表 1-5　　　　　　　　四大扬黄灌区水资源情况　　　　　　单位：万 m³

灌区	地表水	地下水	可重复利用量	扬黄水	其他区域外引水	合计
红寺堡	475	1227.5	0	22400	36.5	24139
盐环定	1452	3412.4	319.4	8631.9	0	13815.7
固海	18860	1037	0	36400	0	56297
固海扩灌	3000	3800	0	15200	0	22000

注　盐环定扬黄灌区水资源情况以盐池县为主，未涉及韦州和灵武的地下水和地表水。

表 1-6　　　　　　　　四大扬黄灌区可利用水资源情况　　　　单位：万 m³

灌区	地表水	地下水	可重复利用量	扬黄水	其他区域外引水	合计
红寺堡	0	730	0	22400	36.5	23166.5
盐环定	0	1892.6	0	8631.9	0	10524.5
固海	7000	102	0	36400	0	43502
固海扩灌	0	1500	0	15200	0	16700

注　盐环定扬黄灌区可利用水资源情况以盐池县为主，未涉及韦州和灵武的地下水和地表水。

1.1.4　扬黄灌区用水现状与合理性分析

1. 现状用水量

宁夏四大扬黄灌区 2010 年总用水量为 66153.4 万 m³，其中，利用当地水（含当地地表水、地下水）971.1 万 m³；扬黄河水 65182.3 万 m³。各行业用水中，生活用水量 858.1 万 m³；工业用水量 476.5 万 m³；农业（含生态）用水量 64818.8 万 m³。四大扬黄灌区各行业用水量详见表 1-7。

表 1-7　　　　　　　　四大扬黄灌区 2010 年各行业用水量　　　单位：万 m³

灌区	用水量							
	生活		工业		农业（含生态）		合计	
	当地水（含地表水、地下水）	黄河水	当地水（含地表水、地下水）	黄河水	当地水（含地表水、地下水）	黄河水	当地水（含地表水、地下水）	黄河水
红寺堡	249.8		113	10	少量	21029.7	362.8	21039.7
盐环定	0			353.5	少量	6577.2	0	6930.7
固海	422.1		少量		少量	28700.0	422.1	28700.0
固海扩灌	186.2		少量		少量	8511.9	186.2	8511.9
合计	858.1		113	363.5		64818.8	971.1	65182.3

2. 黄河初始水权分配指标

宁夏回族自治区在国务院"八七分水"方案的基础上，以各市、县（区）近3年（2005—2007年）各行业年均引、扬黄河水量为基数，综合分析区域经济社会发展各业用水需求变化，编制完成了《宁夏黄河水资源县级初始水权分配方案》（以下简称《方案》），并获得宁夏人民政府的批复。该《方案》明晰了宁夏各市、县（区）耗用黄河水的初始水权，建立了覆盖自治区、市、县三级水权分配体系，实现了全区水资源总量控制的刚性约束。

方案在研究编制过程中，同时也测算出了四大扬黄灌区基于耗用黄河水初始水权的干渠直开口❶引黄分配水量（即引水量与耗水量的关系），总分配水量为 7.08 亿 m³。各灌区分配水量分别如下。

红寺堡扬黄灌区：干渠直开口引水量为 1.99 亿 m³。主要配置给红寺堡区，配置水量 1.85 亿 m³。

盐环定扬黄灌区：干渠直开口引水量为 0.71 亿 m³。主要配置给盐池县，配置水量 0.61 亿 m³。

固海扬黄灌区：干渠直开口引水量为 3.17 亿 m³。其中，固海系统为 2.18 亿 m³，同心系统为 0.99 亿 m³。涉及各市县水权分配指标中，中宁县与同心县最多，均为 0.98 亿 m³，红寺堡区最少，为 0.1 亿 m³。

固海扩灌扬黄灌区：干渠直开口引水量为 1.22 亿 m³。涉及各市县水权分配指标中，原州区最多，为 0.52 亿 m³；中宁县最少，为 0.01 亿 m³。

具体如表 1-8 所示。

表 1-8　　　　　四大扬黄灌区规划年各市县扬黄水量配置

项　目	直开口用水量/万 m³							
	合计	固海（合计）	(1) 固海系统	(2) 同心系统	红寺堡（合计）	(1) 红寺堡系统	(2) 固扩系统	盐环定
合计	7.08	3.17	2.18	0.99	3.21	1.99	1.22	0.71
中卫市城区	0.12	0.12		0.12				
中宁县	1.08	0.98	0.15	0.83	0.10	0.09	0.01	
红寺堡区	1.95	0.10	0.10		1.85	1.85		
同心县	1.56	0.98	0.98		0.53	0.04	0.49	0.05
海原县	0.78	0.59	0.59		0.19		0.19	
原州区	0.52				0.51		0.51	
灵武市	0.02							0.02
盐池县	0.61							0.60
农垦系统	0.35	0.35	0.35					
其他	0.09	0.05	0.01	0.04	0.01	0.01		0.02

---

❶ 干渠直开口：指扬黄干渠与支渠或支干渠的分水口处。

3. 扬黄灌区用水合理性分析

(1) 水资源利用效率低，灌溉定额偏大，有一定节水潜力。宁夏扬黄灌区由于形成历史较长，国家投资有限，地方财力薄弱，灌区建设标准低，资金投入不足，工程老化失修，导致输水过程中漏水、跑水现象严重，灌溉水利用率低，灌溉定额偏大，水资源利用效率较低，以耗水量计单方水粮食产量仅为1.12kg。同时由于灌区供水价格偏低，一方面造成水资源不能高效利用，节水技术推广困难；另一方面资金回收不足造成水利工程不能及时更新改造。由于水价偏低，灌区节水灌溉技术和地下水利用难以推广，使灌区局部出现地下水位抬高，发生了土壤次生盐渍化现象。随着灌区续建配套与节水改造工程的逐步实施，配合种植结构的调整在田间大力推广沟灌、滴灌、管灌、微喷灌等较为先进的节水技术，使得渠系、田间和灌溉水有效利用系数将得到进一步提高，同时通过引入市场机制，实施水权转换、建设节水型灌区，可解决水利工程建设标准低、资金投入不足、水资源利用效率不高、用水结构失衡等问题，扬黄灌区能够挖掘一定的节水潜力，节约出部分水量可供发展工业生产使用。

(2) 行业用水结构不合理，工、农业发展用水矛盾突出。扬黄灌区是以农业生产为主导产业，但农业产值相对较低，2009年灌区农业生产值仅为22.14亿元，农业用水量占到了总水量的90%以上，是用水大户，用水的效益却比较低，而产值和用水效益较高的太阳山工业园区却因为缺乏水资源不能得到快速发展，农业用水的浪费现象和工业用水的紧张情况矛盾极为突出。

(3) 农业种植结构单一，用水集中，时段性缺水问题突出。受市场导向及粮食产量等因素影响，扬黄灌区粮食作物种植比例偏高，尤其是玉米种植面积偏大，占70%以上，导致5月、6月用水高峰过于集中，时段性缺水问题突出。

(4) 冬季用水存在问题。宁夏中部干旱带扬黄工程运行时间一般只有7个月左右，因大田种植冬季不需用水，以及工程检修的需要，扬黄工程冬季一般不扬水。但是，由于现代农业向着集约化农业和高效农业的方向发展，设施农业的推广是必然趋势。而设施农业可全年灌溉，其冬季用水存在问题。当然，目前扬黄灌区采用水池蓄水的方式解决这个问题，即在扬黄工程扬水时，将水储存到蓄水池里面，以保证冬季用水。但是必须看到，扬黄灌区位于中部干旱带，蒸发量高达2000mm以上，以高昂的代价扬水至蓄水池的水，会蒸发掉许多，既不科学也不经济，更不利于节约水资源。因此，冬季用水问题还需要进一步的解决。通过扬黄工程对工业、城镇居民生活用水供水，也存在冬季用水的问题。

1.1.5 扬黄灌区开展水权转换的必要性

1. 是保障宁夏中部干旱带经济社会可持续发展的必然要求

宁夏中部干旱带地处自治区腹地，水资源严重匮乏。近年通过发展四大扬黄灌区实现了一定程度发展，但水资源始终是该地区持续健康发展的最大瓶颈。《宁夏县级初始水权分配方案》中分配给该地区的水权转让指标如今使用已接近极限。而接下来要进一步发展节水补灌面积129.5万亩，同时太阳山等工业基地的项目也亟待发展，均需要有力的水资源保障。在水权指标不能从外部增加的情况下，宁夏中部干旱带经济社会发展的水资源保障只能通过节水来内部解决。必须不断提高扬黄水资源利用效率和效益，最大限度地挖掘中部干旱带灌区节水潜力。这就一方面要通过各类工程措施和非工程措施，加大农业结构调整和节水工程改造；另一方面要充分挖掘节水的内在动力机制，通过水权转换，有力地发挥市场优化配置水资源作用，促进水权进行合理、有序、有效地流转，满足宁夏中部干旱带不断扩大的用水需求，促进当地经济社会可持续发展。

2. 是实施最严格的水资源管理制度，落实水资源管理三条红线的现实需要

2011年，中央一号文件和中央水利工作会议以及2012年国务院三号文件《关于实行最严格水资源管理制度的意见》明确提出，要实行最严格的水资源管理制度，落实水资源管理三条红线。宁夏中部干旱带作为严重缺水的地区，落实最严格的水资源管理制度的形势更显急迫。三条红线中，用水总量控制红线要求对各类用水和各用水主体的用水指标给予科学的细化分配，通过严格的取水许可管理来实现；用水效率控制红线要求对各用水主体用水定额提出明确且更严格的要求，并通过有效的节水措施来实现；水功能区限制纳污红线要求对各用水主体的排放水质做出严格要求和固定，确保水功能区水质达标。实施最严格的水资源管理制度，客观上要求建立和完善水权制度，运用市场机制合理配置扬黄水资源并促进节水工作，统筹兼顾，协调配置好生活、生产和生态用水，提高水资源利用效率，从而将三条红线落到实处。

3. 是提高宁夏中部干旱带水资源利用效率和效益的客观要求

宁夏中部干旱带扬黄灌区由于形成历史较长，灌区建设标准较低，资金投入不足，工程老化失修，导致输水过程中漏水、跑水现象较为严重，灌溉定额普遍偏大，水资源利用效率较低。以耗水量计单方水粮食产量仅为1.12kg，不足世界平均水平的1/2。农业用水量占到了总用水量的90%以上，但产值和用水效益却不高，特别是粮食作物种植比例偏高，尤其是耗水量大的玉米种植

面积尤其偏大，占 70% 以上。与此同时，太阳山工业园区却因为缺乏水资源不能得到快速发展，农业用水不合理利用现象和工业用水紧张情况矛盾极为突出，从而降低了水资源利用的总体效益。因此，宁夏中部干旱带实施水权转换，通过引入市场机制，建设节水型灌区，可解决水利工程建设标准低、资金投入不足、水资源利用效率不高、用水结构失衡等问题，从而有效提高水资源利用效率和效益，使有限的扬黄水资源得到最优利用。

1.2　扬黄灌区延伸区节水补灌工程概况

1.2.1　工程建设现状

1. 工程背景

宁夏中部干旱带面积占全区的近 1/2，人口占全区的 1/4，是宁夏三大分区之一。区域最大的优势是土地、煤炭资源丰富，是宁夏未来工业化布局的重点地区，而最大的问题是缺水，是宁夏全面建设小康社会的难点与关键地区。

中部干旱带十年九旱，甚至是十年十旱，是全国四大沙尘暴源区之一，是全国 18 个连片贫困地区之一。2004 年有饮水不安全人口 75 万人，海原、西吉、同心等县城缺水严重；土地荒漠化面积 1.18 万 km^2，97% 的草场退化、沙化；除扬黄灌区外，农民人均纯收入大多在 1000 元左右，现状收入在 959 元以下的贫困人口有 26 万人，收入在 692 元以下的绝对贫困人口有 11.82 万人，需要搬迁安置的生态移民有 21 万人。加快中部干旱带发展，解决民生问题，是实现全区协调发展、全面建设小康社会、构建社会主义和谐社会的必然要求。2007 年，自治区党委、政府连续召开中部干旱带第二次工作会议、第三次固原工作会议和抗旱救灾工作会议，提出加快中部干旱带发展，不是一个局部问题，而是一个全局性问题，不仅是一个紧迫的经济问题，而且是一个重大的政治问题。

特殊的自然地理条件和水资源特点决定了中部干旱带经济社会可持续发展的最大制约因素是水，人民群众脱贫致富的关键在水，经济社会实现跨越式发展的希望在水，必须把水利建设放在首位。多年来，在国家大力支持下，区域相继建成固海、固海扩灌、红寺堡、盐环定四大扬黄灌溉和宁东、太阳山工业供水工程。2006 年农村饮水安全总体规划全面实施，7 项重点工程相继建设，骨干供水网络体系基本形成，使这一地区生态环境、贫困面貌得到改善，为解决该地区 140 万亩扬水灌区和 75 万人口饮水安全等民生问题提供了水资源保障。与此同时，扬黄灌区平均灌溉定额 500m³ 左右，单方水产粮 0.8kg，灌区用水效率低和用水成本高的矛盾日趋突出。另外，在解决了干旱带群众饮水后，如何统筹解决群众吃饭问题，促进农民增收和干旱带可持续发展成为一个新的难点问题。迫切需要提高扬黄灌区的用水效率和效益，充分发挥扬水工程的支柱作用，统筹解决干旱带缺水、生活生产用水等难题。

党和国家非常重视中部干旱带发展问题。2006年5月，温家宝总理在中部干旱带调研时指示：要千方百计把抗旱问题解决好，国家要加大对宁夏发展旱作农业和畜牧养殖业的技术指导和支持。2007年4月，胡锦涛总书记在视察宁夏时明确指示：要抓好以水利为重点的农田基本建设，尤其是落实引黄灌区农业节水措施，推动干旱地区旱作节水农业发展，稳步提高农业综合生产能力。同年9月，盛华仁副委员长在宁夏调研时指出，在解决中部干旱带农村饮水安全问题后，要将人饮、生产用水结合起来，进一步解决群众发展、走出困境问题。2007年自治区党委、政府强调，把扬黄、库井灌区建设成为具有市场竞争力的设施产业带，把旱作雨养区建设成为抗旱稳产型的特色农业产业带，加快实施中部干旱带高效节水补灌工程，推进中部干旱带发展。在解决干旱带农村饮水安全的基础上，围绕"水源、特色、转移、生态"，因地制宜，积极探索高效节水补灌措施，取得了明显的经济、社会、生态效益。

2. 工程建设目标、规模及完成情况

计划2007—2011年，固海、红寺堡、固海扩灌、盐环定四大扬水工程和南山台子扬水工程向干旱带延伸供水范围，建设高效节水补灌工程，发展节水、避灾、高效的设施农业、特色农业，统筹解决旱作区水资源短缺，生态环境脆弱，农业、农村经济发展滞后，农民生活贫困、移民搬迁安置等难题。具体目标及规模如下。

(1) 在水源工程覆盖区，新建延伸42片补水灌溉工程，新增供水能力6842万 m^3，扩大水源工程供水范围与效益。重点为原州区固海扩灌十一泵站以后人畜饮水及高效节水农业供水，为香山地区硒砂瓜特色产业带供水，为同心下马关地区马铃薯与红枣特色产业带供水。

(2) 利用补水灌溉工程发展高效节水补灌面积115万亩，其中特色农业103.72万亩，设施农业11.28万亩。

(3) 补灌工程灌溉水利用系数达到0.8以上，水分生产率达到3.0kg/m^3以上。

(4) 解决中部干旱带46.9万人的生产、脱贫致富问题，其中搬迁安置中部干旱带县内生态移民14.9万人。

该项目现已全部建设完成，发展高效节水补灌面积达到115万亩，受益人口达到 50 万人以上。

1.2.2　工程管理现状

1.2.2.1　运行管理情况

扬黄延伸区补灌工程供水从水源工程取水,经加压泵站(新建)、管道(渠道)输水、蓄水池调蓄、配水支管配水到达田间给水栓或调蓄水池,最后经田间设施灌溉到作物或林木。补灌工程的供水环节主要包括扬黄灌区的水源工程、补灌骨干取水工程、田间配水工程 3 个环节,如图 1-2 所示。根据调研情况,补灌骨干取水工程、田间高效节水灌溉设施建设多为国家投资,建成后工程的产权归当地水务局所有。由于各地的经济发展水平不同,补灌工程建成后的管理情况也不相同。

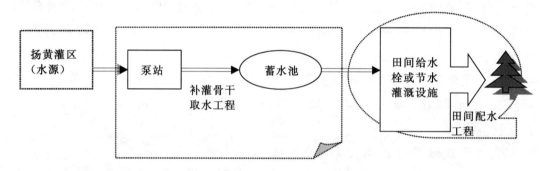

图 1-2　延伸区补灌工程供水环节图

1. 中卫市、中宁县

在中卫市和中宁县,补灌工程都是由政府投资建设,包括补灌骨干取水工程的扬水泵站、管理房、加压泵站、供电设备、主体输水管道、主体蓄水池以及在主输水管道上直接开口的小型蓄水池等水利工程设施,也包括蓄水池至田间配套供水工程。补灌供水工程的产权归县人民政府所有。

补灌骨干取水工程主要由县区水务局进行管理,或由水务局成立的公司进行管理。例如,中宁县,经县人民政府授权,由县水务局负责对补灌工程骨干工程的运行进行监督和管理。中宁县水务局则组建了中宁县高效节水二期工程供水总公司,由供水总公司具体负责辖区范围内的蓄水池、主管道及加压泵站的管护、配水、补水、供电与水费收缴工作;并根据实际供水量和政府核定的水价进行收费等工作。此外,中宁县高效节水二期工程供水总公司还设立了滚泉坡、天景山等 4 个供水公司,具体负责管理补灌工程设施。

补灌工程中田间配水工程的管理有两种情况:一种是由农业节水灌溉相关部门合力完成管理,例如在永大线,补灌工程田间配水工程的管理是由农业局、水务局、林业局以及设备供应商共同来完成的。其中，农业局负责购买树苗，水务局负责建设田间配水工程，林业局负责栽树等。永大线补灌工程田间配水工程第一年的管护工作由节灌设备厂家负责，并按照树木的成活率由区政府支付费用。目前，在已建补灌工程中，中卫市永大线节水补灌工程的运行管理情况相对较好。另一种是土地流转后，由种植大户或企业经营，具体负责田间配水工程的建设、日常运行和维护管理等工作。

2. 盐池县

盐池县的补灌工程取水工程及田间节水灌溉设施均由政府投资建设，工程建设后产权归水务局所有。

补灌骨干取水工程由水务局管理，水务局负责供水到蓄水池并对这段工程进行维护管理。

蓄水池以下田间配水工程的供水及管理有多种情况。盐池县王乐井补灌工程，通过土地流转的方式委托公司或大户承包管理，这种管理情况在扬黄延伸区补灌工程中采用较多。杨家圈补灌工程位于机井灌区，田间 5000 亩滴灌设施的管理则由村民推选的两名管水员负责管理，村民或种植大户根据种植面积按照每亩地每年 10 元的标准缴纳管理费，但不用额外缴纳水费。村民灌溉用水的所有费用，包括提水电费、补灌设施的维护、管水员工资以及过滤房的过滤设施的维护等费用全部由两名管水员承担。但村民或大户自己所用滴管带的更换费用由自己承担。

3. 同心县

同心县的补灌工程是由政府投资建设，包括补灌工程骨干取水工程以及蓄水池及田间配套供水工程。补灌工程建成后，供水工程的产权归县人民政府所有。

补灌骨干取水工程由水务局成立供水公司或政府成立的水投公司进行管理。同心县的下马关补灌工程，补灌骨干取水工程是由水投公司进行管理，即引黄工程干渠直开口以下的干渠、泵站、蓄水池由水投公司管理。而在大多数补灌工程中，骨干取水工程都是由水务局成立供水公司进行管理。

补灌工程田间配水工程有"水务局管理"和"村集体管理"两种方式。如同心县王大套子补灌工程，原先是旱作、靠天吃饭的地区，目前节水补灌工程由村集体组织起来实行统一管理、统一供水。工程前 3 年的运行管理费由政府财政补贴，3 年以后则通过种植收益来弥补。而在同心县下马关补灌工程，蓄水池以下到田间的工程则是由县水务局负责管理，水费的收缴主要通过以下几个环节实现：用户—上交给水务局—水务局上交给水投公司—水投公司上交给灌区管理处。

1.2.2.2 工程管理总体评价

（1）补灌工程的管理模式多样化，骨干取水工程主要由水务局代管。目前延伸区工程管理模式有县政府成立公司管理模式、土地流转（公司化）管理模式、公司或大户经营管理模式、村集体统一管理模式和水务局与农民自主管理相结合的管理模式。而对于骨干取水工程则主要由县水务局代管。

（2）补灌工程的运行维护主要依靠国家财政补贴。补灌工程正处于建设期向运行期过渡的阶段，工程的运行维护费主要依靠国家的财政补贴。不同项目区对于补灌工程的补贴方式不同，在永大线补灌区，政府是根据工程管理单位养护树苗的成活率在年底拨付管护费用的，将财政补贴与工程管理状况挂钩；在下马关补灌区，政府的财政补贴采用补贴工程水费的形式，补灌工程种植大户的水价为 2 元/m³，其中政府负担 1 元/m³，用户只需负担 1 元/m³。

（3）多数补灌工程没有收取水费，一些收取水费的工程也难以达到供水成本。补灌工程大多没有收取水费，水费主要由当地人民政府或水务部门承担。在调研的补灌工程中，永大线补灌区、下马关补灌区等地虽然向用水户收取了水费，但水价标准也很低，在 0.25～1 元/m³ 之间，难以弥补工程供水成本。

（4）部分市县正在探索建立补灌工程的管理制度。中卫市 2008 年 12 月发布了《中卫市硒砂瓜引黄补灌工程运行管理体制改革实施方案》，明确了中卫市补灌工程运行管理体制改革的指导思想、原则和补灌工程管理体制改革的职责及运行方式。并于 2012 年 5 月出台了《沙坡头区兴仁高效节水补灌工程供水管理细则》，明确规定了沙坡头区兴仁高效节水补灌工程的管理主体、管理职责、水价核定与水费收取等方面的内容。为中卫市补灌工程的有效管理提供了指导，也为建立扬黄延伸区补灌工程的管理制度提供了借鉴。

第 2 章

水权流转制度建设的总体思路

宁夏中部干旱带发展工业经济，改善城镇居民饮水条件，建设高效补灌延伸区，迫切需要实现水资源高效利用，尤其是解决宁夏中部干旱带水量分配和水权流转相关问题。因此要考量水权转让的理论基础、政策基础和实践基础，基于此，提出宁夏中部干旱带水权流转制度建设的思路、开展水权转让的原则和可能类型，并对水权转让的机制和制度框架进行设计。需要说明，水权转让与水权转换是有区别的，前者较后者更正式和具有法学的含义，鉴于宁夏地区已经对水权转换这个概念使用多年，本书中有时也使用水权转换。

2.1 理论基础

1. 水权制度

水权是指水资源的所有权以及从所有权中分设出的用益权。水权制度是界定、配置、调整、保护和行使水权，明确政府之间、政府和用水者之间以及用水者之间的权、责、利关系的规则，是从法制、体制、机制等方面对水权进行规范和保障的制度的总称。建立水权制度的目的，是形成一种与市场经济体制相适应的水资源权属管理制度，从而保护相关主体对水资源所有、使用、收益和处置的权利。

在计划体制下，政府通过行政方式分水，但是在没有市场时，政府要判断水对每个用水户的价值，并把水分配给边际价值最高的用途，成本是非常高的，计划部门不可能掌握消费者随时变化的支付意愿和厂商生产成本，不可能及时掌握各类用水的边际价值并重新分配水资源。在以水权制度为基础的水资源管理体制下，通过分配水权、明晰所有者、使用者的权利和义务、培育和发展水市场，形成了生产者和消费者在水资源决策上平等的经济和法律地位，形成了政府宏观调控下分散的决策机制、以价格为主的信息机制、以利益关系为驱动的动力机制和通过市场交易配置资源的机制。明晰水权必然带来生产资料所有关系的变革，进而带来分配、交换关系的变化，带来物质利益的再分配并影响消费关系，推动生产关系的变革。

2. 水权制度体系

水权应当由一组权利构成，水权制度体系是由水资源所有制度、水资源使用制度和水权流转制度组成。水资源所有制度主要实现国家对水资源的所有权。水资源使用制度和水权流转制度建设的主要内容是根据国家确定的流域分水方案进行区县、行业和用水户初始水权分配，建立水权管理制度和规范，明确水权所有人的权利和义务，规范水权交易行为。

水资源所有制度。我国法律明确规定，水资源所有权属于国家和农村集体经济组织，即《中华人民共和国水法》第三条所规定的条款："水资源属于国家所有。水资源的所有权由国务院代表国家行使。农村集体经济组织的水塘和由农村集体经济组织修建管理的水库中的水，归各该农村集体经济组织使用。"

水资源使用制度。水资源使用制度即用水主体获得用水权利并按照规定使用所应遵循的规范。我国法律除了规定水资源所有权之外，还规定了取水权。《中华人民共和国水法》第七条规定："国家对水资源依法实行取水许可制度和有偿使用制度。但是，农村集体经济组织及其成员使用本集体经济组织的水塘、水库中的水的除外。国务院水行政主管部门负责全国取水许可制度和水资源有偿使用制度的组织实施。"第四十八条规定："直接从江河、湖泊或者地下水取用水资源的单位和个人，应当按照国家取水许可制度和水资源有偿使用制度的规定，向水行政主管部门或者流域管理机构申请领取取水许可证，并缴纳水资源费，取得取水权。"行使取水权要遵循现行法律对取水地点、取水量、取水方式、用途、退水水质要求等多方面的规定，违反规定可吊销取水许可证。同时，取水权的获得者也有权对政府提出保障取水权利的要求。取水许可制度既体现了水资源的国家所有属性，又保护了单位和个人依法开发、利用水资源的权益。

应该指出，取水权是水资源从所有者向使用者转移的初始条件，是水权制度的一项基础权利。取水权制度必须发展为初始水权制度，才能构成水权转让的前提。初始水权制度包括水权的分配和明晰。水权分配必须考虑人类生存的基本需要以及原使用者的权利，建立在对社会基本需求，以及过去用水和将来发展的综合考量基础上。水权明晰，是要将经分配的水权进行登记，以完成法律上的确认。这些需要制定法律，明确初始水权的相关权利以及政府对于使用行为的管制措施，以保证水权的实施。

水权流转制度。在完成水权初始分配和明晰后，各用水户拥有水权，根据各自水权所规定的水量用水。当各用水户所拥有的水权量皆能满足自身的用水需求时，就不存在水权流转问题。由于不同行业的用水量和用水效率不同、同一行业内部不同用户的用水效率不同，各类用水之间、同类用水的不同用户之间，用水效益是不同的；同时，随着用水效率的改变，各个用水户的用水量也在动态变化着。这时就会发生水权流转。实施水权流转，要积极培育水市场，允许取得水资源使用权的地区或用水户可以通过平等协商，将其节余的水有偿转让给其他地区或用水户。在这一过程中，就需要建立水权流转制度，明确水权转让规则、转让程序，规范转让行为等。我国目前有水权转让实例，但水权流转制度建设尚不规范。

2.2　政策基础

我国从政策上积极鼓励实施水权制度。早在 2005 年，水利部就出台了《水利部关于水权转让的若干意见》，提出要充分发挥市场机制对资源配置的基础性作用，积极推进水权转让，为建立完善的水权制度积累更多经验。2011年中央一号文件要求建立和完善国家水权制度。2012 年国务院三号文件进一步明确提出要建立健全水权制度。此后，党的十八大报告、十八届三中全会《中共中央关于全面深化改革若干重大问题的决定》都对开展水权交易提出要求。2015 年出台的《中共中央 国务院关于加快推进生态文明建设的意见》也明确提出要"加快水权交易试点，培育和规范水权市场"。《水利部关于深化水利改革的指导意见》（2014 年）则对建立健全水权交易制度做了具体和明确的规定。

宁夏从 2003 年就开始水权转换实践探索，2004 年制定出台了《宁夏回族自治区黄河水权转换工作实施意见》和《宁夏回族自治区黄河水权转换实施细则》等政策性文件；2005 年水利部针对宁夏水权转换工作，出台了《水利部关于内蒙古宁夏黄河干流水权转换试点工作的指导意见》；2009 年水利部黄河水利委员会出台了《黄河水权转让管理实施办法》。上述各级政策性文件的颁布实施，为宁夏开展水权转换提供了很好的政策依据。

1.《水利部关于水权转让的若干意见》（水政法〔2005〕11 号）

该意见明确规定要积极推进水权转让，全面规定了水权转让的基本原则、限制范围、转让费、转让年限、监督管理等内容。关于积极推进水权转让，该意见指出健全水权转让的政策法规，促进水资源的高效利用和优化配置是落实科学发展观、实现水资源可持续利用的重要环节。要充分发挥市场机制对资源配置的基础性作用，促进水资源的合理配置。各地要大胆探索，勇于创新，积极开展水权转让实践，为建立完善的水权制度积累更多的经验。同时明确了水权转让的限制范围：取用水总量超过本流域或本行政区域水资源可利用量的，除国家有特殊规定的，不得向本流域或本行政区域以外的用水户转让；在地下水限采区的地下水取水户不得将水权转让；为生态环境分配的水权不得转让；对公共利益、生态环境或第三者利益可能造成重大影响的不得转让；不得向国家限制发展的产业用水户转让。

2．《取水许可和水资源费征收管理条例》（中华人民共和国国务院令第460号，2006年）

该条例规定了我国实施的取水许可和水资源费征收管理制度。关于水资源的转让，该条例规定："依法获得取水权的单位或者个人，通过调整产品和产业结构、改革工艺、节水等措施节约水资源的，在取水许可的有效期和取水限额内，经原审批机关批准，可以依法有偿转让其节约的水资源，并到原审批机关办理取水权变更手续。具体办法由国务院水行政主管部门制定。"

3．《国务院关于实行最严格水资源管理制度的意见》（国发〔2012〕3号）

该意见要求"建立健全水权制度，积极培育水市场，鼓励开展水权交易，运用市场机制合理配置水资源"。

4．《水利部关于深化水利改革的指导意见》（水规计〔2014〕48号）

该意见对建立健全水权交易制度做了具体和明确的规定。要求"开展水权交易试点，鼓励和引导地区间、用水户间的水权交易，探索多种形式的水权流转方式。积极培育水市场，逐步建立国家、流域、区域层面的水权交易平台。按照农业、工业、服务业、生活、生态等用水类型，完善水资源使用权用途管制制度，保障公益性用水的基本需求"。

5．《水利部关于内蒙古宁夏黄河干流水权转换试点工作的指导意见》（水资源〔2004〕159号）

该意见规定了内蒙古、宁夏黄河干流水权转换试点进行水权转让的指导思想和基本原则，水权转换的范围、条件、期限、价格、程序以及组织实施的监督管理等内容。该意见明确内蒙古、宁夏水权转换试点范围近期暂限于黄河干流取水权转换。水权转换出让方必须是已经依法取得取水权，并拥有节余水量（近期主要指工程节水量，暂不考虑非工程措施节水量）的取水权益人。水权转换不得违背现行法律法规和有关政策的规定。

6．《黄河水权转让管理实施办法》（2009年）

该办法规定了黄河水权转让的范围、情形、原则、转让审批权限与程序、水权转让技术文件的编制、水权转让期限与费用、组织实施与监督管理、罚则等。该办法明确水权转让是指黄河取水权的转让。出现下列情形之一的，应进行水权转让：①引黄耗水量连续两年超过年度水量调度分配指标，且超出幅度在5％以内的省（自治区），需新增项目用水的；②与黄河可供水量分配方案相比，取水许可无余留水量指标的省（区），需新增项目用水的；③与省（自治区）人民政府批准的黄河取水许可总量控制指标细化方案相比，市（地、盟）无余留水量指标的行政区域，需新增项目用水的。实施水权转让的省（自治区）应编制黄河水权转让总体规划。水权出让方必须是依法获得黄河取水权并在一定期限内通过工程节水措施或改变用水工艺拥有节余水量的取水人，取水工程管理单位和用水管理单位不一致的，以用水管理单位为主作为水权出让方。

7.《宁夏回族自治区黄河水权转换工作实施意见》（2004年）

该意见明确了宁夏全区黄河水权转换的指导思想、基本原则、基本条件、期限、价格、程序、组织与监督等。意见指出：水权转换是指全区黄河干支流地表水取水权的转换。水权转换试点范围近期暂限于黄河干支流取水权的转换（本区内区域间的水权转换可参照本意见执行）。水权转换出让方必须拥有经自治区水行政主管部门确认的初始水权，具备法人主体资格并依法独立享有取水权，能够承担水权转换权利与义务，且通过自治区水行政主管部门同意实施水权转换的灌区管理单位或者供水工程管理单位。水权转换受让方必须具有法人主体资格，能够独立承担水权转换的权利与义务。水权转换不得违背现行法律法规和有关政策的规定。

8.《宁夏回族自治区黄河水权转换实施细则》（2004年）

该细则规定了宁夏全区黄河水权转换的审批权限与程序、技术文件的编制要求、期限与费用以及组织实施和监督管理等内容。该意见明确水权转换在自治区人民政府水行政主管部门制定初始水权分配方案和水权转换总体规划内以及本自治区范围内进行。水权转换出让方必须拥有经自治区水行政主管部门确认的初始水权，具备法人主体资格并依法独立享有取水权，能够承担水权转换权利与义务，且通过自治区水行政主管部门同意实施水权转换的灌区管理单位或者供水工程管理单位。水权转换受让方必须具有法人主体资格，能够独立承担水权转换的权利与义务。水权转换不得违背现行法律法规和有关政策的规定。

2.3 实践基础

国外在水权水市场建设方面的研究和实践比我国早。经过多年的发展和完善，许多国家都根据自己的国情和水情建立起相对完善的水权水市场制度，虽然与我国具体情况有所不同，但其水权制度发展过程中的一些经验值得借鉴。而近年来，我国在国家层面政策法规的推动和水权理论的指导下，许多流域和地方因地制宜，在水权管理方面进行了有益的实践和探索，为我国水权管理和制度建设积累了丰富的经验。特别是宁夏回族自治区，已经将黄河水初始水权分配到县级行政区域，并成为我国较早开展水权转换实践的省份，积累了有益的经验，初步形成了一套水权转换制度，为开展中部干旱带水权转换奠定了良好的实践基础。

2.3.1　国外水权转换实践

1. 美国水市场建设与科罗拉多河水权分配实践

水权作为私有财产，与土地所有权相连，在美国是可以转让的，但在转让程序上类似于不动产的转让，一般需要一个公告期，同时水权的转让必须由州水管理机构或法院批准。在水权分配中，事前由各州政府确定用水权的优先次序；在水权交易上采用水银行、灌溉公司等多种形式。

科罗拉多河是美国西部一条重要的河流，同时也是一条国际河流。由于西部水资源的短缺，科罗拉多河成为美国水权纠纷最多的河流。为了解决用水争端，1922 年就通过签署《科罗拉多河契约》对上下游之间的水权进行界定，逐步开展了各州之间的水权分配，包括从干流到支流，从地表水到地下水的水权分配，以有效地解决水资源短缺导致的用水矛盾。20 世纪 30 年代，内务部垦务局在科罗拉多河上修建了库容达 422 亿 m^3 的胡佛大坝，同时在下游地区修建了几个较大的引水灌溉工程，如考契拉水利区、伊姆皮里灌区等。当时，由联邦政府协调，有关各州达成了分水协议，并得到最高法院的裁决。其中伊姆皮里灌区分到约 84 亿 m^3 的水量。由于当时洛杉矶的人口和规模不像现在这样大，最初所分得的水量较少。随着城市人口增加和经济社会迅速发展，需水量剧增，原分得的水量已不能满足需求。为此，洛杉矶大都市与伊姆皮里灌区于 1985 年签订了为期 35 年的协议，灌区将采取包括渠道防渗、把含盐较多的灌溉回归水与淡水掺混后重新灌溉利用等措施节约下来的水量，有偿转让给洛杉矶大都市。作为补偿，洛杉矶大都市负担相应的工程建设投资和部分增加的运行费（其中灌溉回归水掺淡水再利用的工程投资为 700 万美元，另加一定的运行费用等）。

在科罗拉多州，存在一种干旱时期暂时转让灌溉水权的选择性合同。城市部门与农村通过充分协商、谈判，来决定转让的水量和方法以及输水时间和价格等。合同中的条款很重要，它要明晰买卖双方的责任和权利，并且应具有灵活性，最终使双方都能从中获利。

2. 澳大利亚水市场建设实践

同我国一样，澳大利亚也是一个水资源相对匮乏的国家。自 20 世纪 80 年代开始，随着水资源供需矛盾日益突出，可分配水量越来越少，在部分地区已审批的授权水量甚至超过了可利用水量，新用水户已很难通过申请获得水权，澳大利亚开始规定水权可以交易。水权转让是从1983年开始，目前已在澳大利亚各州逐步推行，水交易市场已经基本形成。根据用水户的类型，水权分为批发水权、许可证、用水权3种类型。这3种类型的水权均可以转让。水权转让可以是临时性的转让，也可以是永久性的转让；可在州内转让也可跨州转让；可以全部转让，也可以部分转让。但都必须遵守州议会的有关规则，国家也通过立法保障水权交易。但环境保护所需的水量是不能进行买卖的。水权转让价格完全由市场决定，政府不进行干预，转让人可采取拍卖、招标等方式。

3. 智利的水权水市场建设实践

智利是最早开展水权水市场建设的发展中国家之一。在智利，水资源所有权归国家所有，国家负责初始水权的分配，水权的分配是水使用权的分配。在分配时以现状用水为前提，按河流流量或渠道流量的一定比例确定应分配的水量，每年根据丰枯，按照相应比例配置。个人在申请获取水权时，需要提供现状用水证明材料。对于预留水权与新增水权，通常是采用拍卖的方式向公众出售。水权允许自由交易，水权持有者不需要征得国家水董事会同意就可以自由改变水权使用的地点和形式，除个别限制外，水权持有者可以向任何人按自由协商的价格出售水权。水权被视为一种财产权利，可以用来抵押或作贷款担保，但同时，持有水权需要缴税，这在一定程度上促使水权持有者采用更先进的灌溉技术，提高灌溉效率，并将节余的水进行出售，以减轻税负。

智利水权交易的类型主要有3种：农业用水户之间的短期交易、农业用水户之间的长期交易、农业与城市之间的交易。农业用水户之间的短期交易是智利水市场上最常见的水权交易类型，具体表现为农场主在不同作物用水季节考虑不同的用水需求向别的农场主租借水或者交换用水，它使灌溉的灵活性更大，从而提高了灌溉用水效率。农业用水户之间的长期交易主要发生在用水需求发生变化的农场主，这些农场主因为自己的土地不适合栽种需水量大的作物，或通过节水措施降低了用水量，便将节余的水进行长期限出售以获取收益。这类长期水权交易的买主则大多是一些拥有肥沃土地但又缺少水权的农场主。农业与城市之间的水权交易主要是城市向农业购买水。随着经济的不断发展和城市用水需求增长，许多城市都出现向农场主买水的现象，这些城市所购买的水通常只是各个农场主所拥有水权的一小部分，不会对农场主的生产活动带来影响。但是，对于那些可能导致回流变化的农业与城市之间的水权交易，用水户协会会予以制止。水权交易价格则往往随交易主体、地区、气候条件、收益预期、交易成本等因素的变化而发生变化。

在水权管理方面，智利成立了水董事会，全面负责水市场的运作。而各地区的水市场管理则由该地区用水户协会具体负责实施。为了确保水权交易中第三方的利益不受侵害，通常情况下，河道水使用权的交易需要由水董事会批准，而渠道水使用权的交易则需要由用水户协会批准。在河道水使用权交易中，那些可能会受到影响的单位或者个人可以在水权转让前向有关用水户协会或者水董事会提出异议。

通过国内外的水权实践可以看到，明确水权是实现水资源有序利用的必然要求，水权交易是实现水资源优化配置的有效途径。但水权水市场的发展是一个渐进的过程，开展水权制度建设，需要统筹多方面关系，加强沟通与协商，一方面注重政府的宏观调控与支持，另一方面充分发挥基层用水组织的作用。

2.3.2　国内其他地区水权转换实践

从 20 世纪 80 年代开始的黄河流域水量分配，到东阳—义乌我国第一例地区间水权转让，到甘肃省张掖市农业水权管理中的农民用水水票制度，再到宁夏、内蒙古两自治区开展的跨行业水权交易，以及最近在我国其他地区全面开展的水权制度建设，如松辽流域大凌河、霍林河初始水权分配试点，水权制度对提高水资源利用效率和效益，实现水资源优化配置和科学管理，缓解水资源供求矛盾的作用日益显现。

1. 地区之间的水权转让：浙江东阳—义乌水权转让实践

2000 年东阳市以 2 亿元的价格一次性把东阳横锦水库的每年 4999.9 万 m^3 的永久用水权转让给义乌市。义乌市负责向东阳市支付当年实际供水 0.1 元/m^3 的综合管理费。应用水权理论和市场机制进行的水权转让，实现了区域水资源的优化配置，促进了两地经济的发展，但作为我国第一例水权转让，东阳—义乌水权转让也还存在很多问题。首先，东阳—义乌水权转让在我国水权尚未明确的情况下，难以称之为真正的"水权转让"。其次，在水权转让过程中，由于缺乏规范的水权转让程序和水权市场，水权转让的期限、容量水价、丰枯水量分配以及对第三方的保护及补偿问题在转让协议中没有得到很好地体现。

2. 灌溉用水户之间的水权转让：张掖市水权管理实践

2002 年，水利部将张掖市作为我国第一个节水型社会建设试点，从明细水权入手，改革传统的水资源管理方式，建立总量控制、定额管理、有偿使用、水权交易等一系列管理制度。作为我国节水型社会建设的第一个试点，张掖市水权改革取得了明显的成效，是我国水权管理较为成功的案例，也为我国水权管理和制度建设积累了丰富的经验。张掖市水权管理的特点是：一是建立了一套规范而有效的初始水权分配方法体系，可以将用水权逐级分配到最终用水者；二是在水权管理中充分发挥了农民用水者协会的积极作用；三是水权管理中应用了水票和水权证的形式，探索了水权的实现形式。

3. 跨行业的水权转让：内蒙古自治区水权转换实践

在水权水市场理论指导下，为了解决水资源短缺问题，内蒙古自治区提出了"投资节水，转让水权"的思路，即由工业建设项目业主投资农业节水工程建设，减少灌渠输水过程中渗漏蒸发的无效水量。通过水权转换，将这些水权转让到拟建能源项目的生产用水。2003 年，水利部黄河水利委员会、内蒙古水利厅开始水权转换试点工作。从 2003 年 4 月达拉特发电厂与鄂尔多斯市水利局达成水权转换协议开始，目前内蒙古自治区已有 30 多个项目拟采用水权转换方式，其中已有 16 个项目正式签订了水权转换协议，转让资金总额达 8.4 亿元，转换水量 1.53 亿 m^3。内蒙古自治区的水权转换开创了跨行业、大规模配置水资源的先例，为国内其他地区跨行业水权转换提供了借鉴。

4. 流域初始水权分配

（1）黄河流域水量分配与水权转让实践。黄河流域的水权实践可以追溯到 20 世纪 80 年代。为了缓和黄河流域上下游之间竞争性的用水矛盾，1987 年，国务院批准了《黄河可供水量分配方案》（简称黄河《八七分水》方案），对沿黄各省区的初始用水权进行了初步界定，宁夏分配到耗用水指标 40 亿 m^3。1998 年国务院制定了《黄河可供水量年度分配及干流水量调度方案》，并通过实施《黄河水量调度管理办法》和改进水量调度技术手段，使水量分配方案的落实情况得到显著改善。2006 年，国务院颁布了《黄河水量调度条例》，为黄河水量分配及其调度提供了法律保障。黄河流域水权实践的特点是，通过采取明晰黄河流域水权，加强水量分配和统一调度，严格取用水管理的办法，治理黄河断流，缓解黄河上下游之间的用水矛盾。经过 20 多年的努力，黄河流域较好地完成了沿黄各省区之间的初始水权分配，缓解了黄河流域上下游的用水矛盾和水事纠纷。

（2）霍林河流域水权初始分配实践。2004 年，水利部松辽水利委员会确定了霍林河流域为初始水权分配的试点。经过两年多的工作，2006 年 5 月，完成了《霍林河流域省（自治区）际水量分配方案》的编制工作。霍林河流域初始水权分配试点的主要工作是以 2002 年用水水平为基础，考虑未来发展需求，进行需水预测，并按照分水原则制定出一套省（自治区）际水量分配成果。水量分配对象从水源类型上分，包括地表水和地下水；从用水类型上分，包括生活、生产及生态环境用水。霍林河流域初始水权分配的实践对于解决我国水资源短缺和水污染问题，提高水资源利用效益和效率，具有重要的实践意义和示范作用。

5. 国家水权交易试点建设

2014 年，水利部开始在全国推进水权交易试点建设，通过开展不同类型的试点，在确权登记、用途管制、水权交易、交易平台建设以及相关制度建设方面率先取得突破，有效发挥市场配置水资源的作用和更好发挥政府作用，为全国层面推进水权制度建设提供经验借鉴。综合考虑代表性、工作量、地方积极性、工作基础等因素，确定了 7 个试点，分别是宁夏回族自治区水资源使用权确权登记试点、江西省水资源使用权确权登记试点、湖北省宜都市水资源使用权确权登记试点、内蒙古自治区跨盟市间水权交易试点、河南省南水北调跨流域水量交易试点、甘肃省疏勒河流域行业和用水户间水权交易试点、广东省东江流域上下游政府有偿出让水资源使用权水权交易试点。当前各试点推进工作已经在稳步进行中。

2.3.3　宁夏引黄灌区水权转换实践

宁夏在我国属于经济欠发达地区，由于煤炭资源丰富，发展火电，将煤炭资源优势转化为经济优势是宁夏推进经济社会快速发展的重要实现方式，但其水资源严重短缺，难以支撑工业发展。水利部黄河水利委员会、宁夏水利厅应用水权理论，通过"投资节水、转让水权"的方式尝试解决这一难题。

1. 宁夏引黄灌区水权转换试点实践

2003 年宁夏回族自治区开始在引黄灌区开展水权转换实践。自治区政府提出通过产业结构调整、灌区节水工程改造、节水技术推广等措施，从国家分配给宁夏的 40 亿 m^3 黄河用水指标中调剂出 8 亿 m^3，作为工业发展的后备水源。在水利部和黄河水利委员会的支持下，宁夏实施了 3 个水权转让项目试点，分别为宁夏灵武电厂一期工程、大坝电厂三期扩建工程、宁东马莲台电厂工程，共转让水权指标 5385 万 m^3。宁夏灵武电厂一期工程水权转让项目投入节水改造资金 4464 万元，每年节约水量 1440 万 m^3。宁夏大坝电厂三期扩建工程水权转让项目投入节水改造资金 4932.7 万元，每年节约水量 1800 万 m^3。宁东马莲台电厂一期工程水权转让项目投入节水改造资金 5760.9 万元，每年节约水量 2145 万 m^3。自治区政府在开展上述项目时，综合考虑节水工程设施的使用年限和受水工程设施的运行年限，将 3 个水权转让项目的水权转让期定为 25 年。转让价格除上述节水工程建设投资外，还包括工程运行维护、更新改造以及农民、水管单位和生态建设补偿等费用。平均水权转换价格为 7.20 元/m^3。

在实施上述 3 个水权转换试点项目之后，宁夏水利厅继续积极稳步推进水权转换工作。截至 2011 年年底，经水利部黄河水利委员会批复的水权转换项目已达 9 个，转换水量 0.905 亿 m^3。3 个试点项目节水改造工程基本完成。

宁夏水利厅批复了水权转换项目 26 个，转换水量 1.63 亿 m^3。目前，建成取用水的项目有临河动力站、甲醇、二甲醚、烯烃、青铜峡铝业、中宁电厂等 8 个，转换水量 0.76 亿 m^3，如表 2 - 1 所列。

表 2 - 1　　　　　　　　　宁夏近期开展的水权转让项目

项目名称	出让方	受让方	转让水量 /万 m^3	转让期限 /年	转让费用/万元			单方水转换投资 /(元/m^3)	单方水转换费用 /[元/(m^3·年)]	实施年份
					总费用	工程建设、运行维护和更新改造费	补偿费			
水洞沟电厂二期项目	第二农场渠	宁东发电有限公司	94.39	25	2349.5	1843.4	506.1	24.89	0.995	2013
15 万 t/a 电石联产和 5 万 t/a 乙二醇和草酸项目	惠农渠灌域	宁夏宝塔联合化工有限公司	388.8	25	8295.1	8122.9	172.2	21.34	0.85	2012
银川市生活垃圾焚烧发电项目	宁夏泰民渠灌域	银川中科环保电力有限公司	138.5	25	2880.9	2683.9	197	20.80	0.83	2012
45 万 t 醋酸乙烯和 10 万 t 聚乙烯醇项目	宁夏青铜峡河西灌域	国电英力特	3705	25	12550.1	10911.7	1638.4	17.81	0.713	2011
45 万 t 合成氨和 80 万 t 尿素国产化大化肥项目	宁夏汉渠灌域	中石油宁夏石化分公司	627.3	25	7871.2	7457.2	414	12.55	0.50	2011
青铜峡铝业公司异地改造项目二期工程	宁夏七星渠灌域	青铜峡铝业股份有限公司	700.8	25	7049	6164.1	864.9	10.06	0.40	2010

2014 年，水利部为贯彻党的十八大、十八届三中全会精神，开始部署国家水权交易试点建设，宁夏被选为试点。

宁夏开展水资源确权登记具有良好的基础。2005 年和 2009 年，宁夏分别出台了《宁夏黄河水资源初始水权分配方案》和《宁夏黄河水资源县级初始水权分配方案》，明晰了各地区（细化到县）、各行业取用黄河水资源的权利，包括中部干旱带各县市的、各行业取用黄河水资源的权利和初始水权。

宁夏计划依托此次试点建设，用 3～4 年时间，完成对全自治区范围内按水源和行业开展水资源使用权登记，要在自治区分配给各市县的取水总量的基础上，进一步将水权分配到用水户、供水单位、用水户协会、村集体管委会等，形成权属清晰、责权明确、监管有效的水资源资产产权制度。同时，建设水权交易信息服务平台，分别在自治区北部、中部和南部开展 3 个不同类型的水权交易试点：一是结合深化土地经营制度改革，开展农户向土地流转大户的水权交易试点，实现水权随土地使用权捆绑流转；二是在引黄自流灌区开展农业向宁东能源工业基地的水权交易试点；三是在一定行政区域范围内开展农业向工业的水权交易试点。

2. 宁夏引黄灌区水权转换成效

宁夏引黄灌区水权转换工作，经过多年的实践，实现了工业反哺农业、农业支持工业，促使水往"高"处流，以水资源的优化配置支持经济社会可持续发展，取得了农业节水、农民减负、工业发展和生态效益的多赢局面，获得了巨大的经济效益、社会效益和生态效益。

（1）显著提高了宁夏黄河水资源利用效益。长期以来，宁夏引黄灌区水资源利用效益较低。水权转换使黄河水资源的利用效益显著增加，宁夏单方水用于农业生产的效益仅为 0.97 元，而用于工业的单方水效益达到 57.9 元，工业水效益是农业水效益的 60 倍。第一批试点的 3 个电厂转换水量 5390 万 m^3，在现有条件下新增经济效益 30.68 亿元。

（2）解决了工业用水的约束问题，有力促进了区域经济快速发展。宁夏水权转换探索了一条农业支持工业、工业反哺农业的经济社会发展新路。通过水权转让有效地挖掘出宁夏农业节水潜力，解决了工业用水的约束，确保宁东能源化工基地、石嘴山工业园区众多工业项目上马，推动了区域经济快速发展。

（3）大幅度改善了引黄灌区灌溉工程质量。长期以来，宁夏引黄灌区工程存在着严重的老化失修现象，输水过程中漏水、跑水现象严重，但因缺乏资金，灌区节水改造工程建设进展一直较为缓慢。通过实施黄河水权转换，为引黄灌区筹集了灌溉工程改造所需的资金，开展了灌区工程节水改造，渗漏损失减少，输水能力增大，灌溉水利用效率得到了显著提高。比如，宁夏青铜峡灌区水利用系数由 0.537 上升到 0.583，唐徕渠水利用系数由 0.487 上升到 0.548。

（4）显著提高了全社会节水意识和节水水平。水权转换吹响了宁夏全面建设节水型社会的号角。在强有力的政策约束下，宁夏工业企业参与投资节水的积极性日益提高，新建工业项目普遍采取了节水的新工艺、新技术，最大限度地达到零排放，实现工业用水的循环利用。截至目前，宁夏水权转换总水量达

9000万m³，总投资2.5亿元，砌护干渠、支渠、斗渠等逾260km。对于农民来讲，实行水权转换后，也开始促使其提高节水意识，对其自觉改进用水方式、调整种植结构、主动节约用水产生积极而深远的影响。

（5）有效改善了生态环境。宁夏引黄灌区由于渠道渗漏损失较大，补给地下的水量过多，地下水位高于地面，引起土壤盐碱化现象。实施黄河水权转换后，减少了输水过程中的渗漏损失，相应减少了对地下水的补给量，地下水位降低，改善了土壤盐碱化状况，有效改善了地区生态环境。

3. 宁夏引黄灌区水权转换存在的问题

尽管宁夏引黄灌区水权转换取得了较好成效，但仍存在初始水权分配不完善、水权转让运作机制不合理、水权转让价格形成机制不健全、水权转让内生动力不足等问题，有待于在下一步的水权制度建设中予以解决。

（1）初始水权分配仍不完善。当前宁夏初始水权分配已完成县级指标分配，这些工作在全国是走在前列的。但应当看到，其初始水权分配仍存在一些不完善的地方。主要表现在用水户层级的水权仍不明晰。当前的水权分配只是按照工业、生活、农业＋生态三类用水分配到县一级行政区，并没有分配到实际用水户。对于具体的用水户，如工业企业、农民等，其水权仍是不明晰的，如果这种情况下开展水权转换，则不能明确具体的水权出让方，用水户自身的参与性无法体现，其积极性也就不能充分发挥。

（2）水权转让的运作机制尚不合理。根据已经开展的水权转让若干试点的实践，显露出一个突出问题，即行政管理色彩比较浓厚，市场性体现不足。水权转让应属于政府调控下的市场行为。在初始水权分配之后，政府要建立和培育水市场，为开展水权流转提供平台，充分发挥市场的竞争机制、价格机制进行水权再分配，实现水资源优化配置。但当前的水权转让仍多属于"个案行为"，由行政部门全程主导，水权出让方的自主决策权缺乏，水权受让方也缺乏充足的条件来选择"出让方"和进行市场谈判。水市场并没有真正建立，受让和出让双方主观能动性的发挥空间仍较小。

（3）水权转让价格形成机制尚不健全。当前虽然明确了水权转让总费用包括水权转让成本和合理收益，通过工程节水措施转换水权的，转换总费用应包括5个部分，分别为节水工程建设费用、节水工程和量水设施的运行维护费用、节水工程的更新改造费用、因提高供水保证率而增加耗水量的补偿以及必要的经济利益补偿和生态补偿等。前面4个部分有较为明确的计算方法，但是必要的经济利益补偿和生态补偿费用尚没有合理的计算方法予以明确。还需在今后水权转换工作中对转换费用的组成和计算方法作进一步规范和完善。相应地，其他方面的水权管理制度和规范也需要进一步完善。

（4）水权转让内生动力不足。由于当前水权转让的运作机制尚不合理，造成水权转让内生动力不足。已经实施的水权转让项目，其水权转让价格仅仅是一次性支付，且大多用于渠道衬砌，而灌溉管理局作为水权转让的利益相关者并没有从中获利，甚至因水权转让减少了供水量，从而减少了水费收入，进而影响到水管单位的正常运行。而由于初始水权分配并未明确到用水户层级，农民也未能作为水权转让的出让方主体，属于被动参与，并不能充分调动其积极性。因此，必须充分认识到这一问题的严重性，在水权转让时，从农民、农业以及灌溉管理单位的角度出发，充分考虑多个相关方的利益诉求，建立起利益保障机制，从而调动各方对水权转让的积极性。

2.4 水权流转制度建设的总体思路

宁夏中部干旱带水资源严重短缺，未来区域经济社会发展受到水资源条件的较大制约。目前宁夏黄河水的初始水权已分配到县，通过加强水权制度建设，积极探索和实践水权流转是解决未来中部干旱带地区经济社会发展所需用水指标主要且可行的途径。由于水权具有转让功能，不仅可以调整用水户的自身利益，而且可以促使用水户通过节水出让受益权，使自身利益同节水效益有机结合起来，收到降低用水成本和节水增效双重效益，并把节余水量向效益高的产业流动，实现效益最大化，从而解决农业节水的市场动力问题。因此，在宁夏中部干旱带加强水权流转制度建设，要结合宁夏中部干旱带水权制度建设现状、特殊地域条件和农业发展方式，完善水权分配机制；考虑延伸区建设要求和地区工业、城镇生活及第三产业发展的用水需求，建立水权转让机制；结合实行最严格水资源管理制度强化水权管理，建立水权转让利益相关者责任机制。宁夏中部干旱带水权流转制度建设的思路见图 2 - 1。

2.4.1 完善水权分配机制

由于我国水权制度建设正处于研究探索阶段，对水权的内涵尚没有达成一致意见，存在几种观点。例如，一权说，认为水权一般指水的使用权；二权说，认为水权即为水资源的所有权和使用权；三权说，认为水权是指水资源稀缺条件下人们对有关水资源的权利的总和，可归结为水资源的所有权、经营权和使用权；四权说，主张水权就是水资源的所有权、占有权、支配权和使用权等组成的权利束；衍生说，认为水权是一种完整的权益体系，由水资源的所有权以及由所有权衍生的使用权、经营权等权益构成的综合体。本报告所提的水权是水资源的所有权、使用权和经营权。根据我国法律规定，水资源的所有权

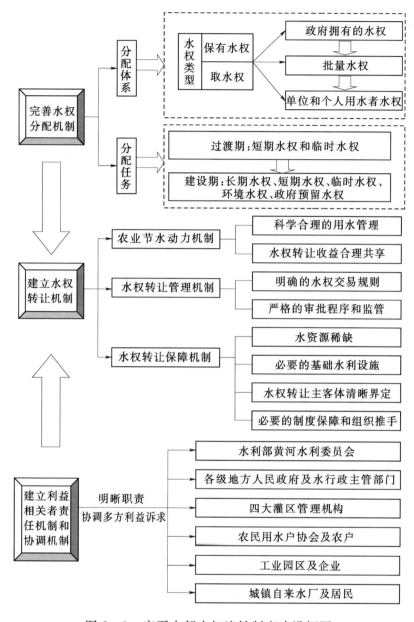

图 2-1 宁夏中部水权流转制度建设框图

归属国家。

水权是由有形载体和无形权利的有机统一。前者指一定量的水资源，而后者指权利和义务。从目前宁夏已经建立的有关水资源管理的法律法规和制度来看，在水资源所有权、使用权和经营权的制度安排上已经做了很多工作。就水量分配而言，在取用水量分配和指标管理上形成了一系列制度，建立宏观控制和微观管理指标体系，如用水动态管理机制、用水指标管理制度、用水计量制度等，但由于灌溉面积是分配初始水权、制定灌溉配水预案和计算分摊水费的重要依据。目前各灌区存在在册面积、申报配水面积、种粮直补面积等多种面积，这些面积都与实际灌溉面积有较大的出入。水管单位按照上报的面积、农户信息每年开具农业灌溉用水明白卡，但由于实际灌溉面积与收费面积不一致，农民用水协会不能将明白卡送到农户手中，同时也为搭车收费提供了便利，这是造成某些地方水费虚高的根本原因。在权利和义务上也有一些制度安排，集中在水资源节约和保护方面的强制性规定，如水资源有偿使用制度、对用水实行分类计量收费制度等，但这些更多地体现在水权持有者的义务上。

1. 建立两种类型水权——保有水权和取水权

建立由保有水权和取水权构成的水权架构，既有利于实现水资源合理配置，保障经济社会又好又快发展，又有利于建立补偿机制，减少利益冲突，构建和谐社会。保有水权是指持有者享有该部分水量的使用权利，但在没有转换为取水权的条件下，它所规定的那部分水量是不能取用的，它所给出的权利具有财产权性质，更多体现了公平法则。保有水权有两种形式，对区域而言，保有水权代表持有者（通常是省级行政区政府代表所辖区域的全体用水者）享有按照一定的原则所分得的全流域可持续利用水资源量（与多年平均水资源量相关）一定份额的合法权益，它所规定的水量指流域水量分配方案规定的水量；对用水者而言，保有水权指对用水者规定的正常年份应该享有的水权。而取水权代表持有者可以当期实现的水资源使用权，它所规定的水量是可以在特定区域从特定地点或河流中取用的水量，相当于目前的取用水指标，但有所不同，它体现一种权利。保有水权的有效期限比取水权的有效期限长很多，更稳定。

2. 建立 3 个层次的水权分配构架

（1）规定政府拥有的权利，包括对地表水、地下水、外调水、再生水等享有的配置权、调度权和管理权。各级政府享有不同级别的权利。

（2）规定批量水权，包括授予扬水管理处、县自来水公司、农民用水户协会享有水的批发权。

（3）规定单位和个人用水者拥有的水财产权，包括颁发取水许可证，下达用水指标，确定取水量指标；签订供水协议等。

3. 不同建设阶段应该采取不同的初始水权分配原则

在过渡期，着重于分配水量，从初始水权的性质看界定于短期水权分配和临时水权分配。在建设期，从初始水权的性质看界定于长期水权分配、短期水权分配和临时水权分配。同时考虑为环境配置的水权和政府预留水权。

2.4.2　建立水权转让机制

水权转让是水权供求双方为追求利益满足自身意愿的一种自主选择的市场行为。在某种机制引导下，水权持有者与需求者的意愿达成一致，需求方以一定的经济代价获得水权持有者的水权，由此实现水权转让。建立水权转让机制必须充分考虑转让标的物和受让对象，即转让水的来源和当地未来用水需求。宁夏中部干旱带水资源主要来自于黄河水，黄河水的初始水权分配，农业又是主要用水户，占95%以上。因此，必须依靠农业节水才能获得可转让的水量，开展水权转让。而宁夏中部干旱带现在及不远的将来，需要建设四大灌区周边的延伸节水补灌区、扩大发展太阳山工业园区以及加快盐池等县城城镇化、工业化建设，从而面临延伸补灌区的灌溉用水需求、太阳山工业园区扩大化发展的工业用水需求以及该地区盐池等县城工业、城镇生活及第三产业发展的用水需求。一个途径是从更大的北部和中部空间尺度上通过统筹宁夏全区北部和中部的经济社会发展的用水需求，尤其是中部大型工业基地建设用水需求，通过北部农业节水后实施水权转让，深化黄河初始水权分配制度改革，重新调整北部和中部黄河用水指标。而另一个可行的首选途径是从中部本区空间尺度上通过农业节水后实施水权转让来满足，这也是本书研究的内容。因此，在宁夏中部干旱带开展水权转让机制建设，必须考虑水权转让的全过程，从获得可转让的水源、开展水权转让和实现交割保障3个环节研究提出水权转让机制框架。

1. 建立农业节水动力机制

在宁夏中部干旱带开展农业节水是获得可转让水量的前提条件。开展农业节水可以从输配水、田间用水等环节考虑，涉及水利工程管理单位三大扬水管理处、四大灌区管理机构以及农民用水户协会和农民。只有调动各利益相关者，尤其是农民的节水积极性，才能做到节水挖潜，为水权转让提供动力。

农业节水动力机制应该包括科学合理的用水管理机制和利益分配机制，只有依靠激励与约束形成利益驱动，才能实现稳定、持续的节水动力。

首先，科学合理的农业用水管理机制应该强调严格的定额用水管理，并通过合理的水价机制予以实现。

2011年中央一号文件明确指出："按照促进节约用水、降低农民水费支出、保障灌排工程良性运行的原则，推进农业水价综合改革，农业灌排工程运行管理费用由财政适当补助，探索实行农民定额内用水享受优惠水价、超定额用水累进加价的办法"。

在宁夏中部干旱带，目前农业灌溉执行的就是财政适当补助后的优惠水价，也推行了超定额用水累进加价。但是可以看到定额的管理还不严格，加价的幅度还不够，有待进一步深化和改进。

创新的农业用水管理机制应该包括严格用水计量，严格定额控制，定额内执行优惠水价、超定额累进加价、低于定额节约用水实施奖励等多个方面。

其次，合理的利益分配机制应该是建立利益分享机制和制度，强调责任共担、利益共享的原则，并通过水权转让收益的合理分享来实现。

水权转让的发生和发展在于水资源的稀缺性及其在不同用途上的利用效率和效益的差异性，前者导致水资源供不应求，后者形成水权转让利益驱动。水权转让价格中要计入合理的水权转让收益，一般而言，谁拥有水权，则水权转让收益应归谁所有。采取节水措施进行水权转让，节余的水权可能从输配水环节或者田间用水环节产生。输配水环节的节余水量主要是通过进行渠道的衬砌，减少渠系水的渗漏、蒸发等损失获得；而田间用水环节的节余水量一般通过调整种植结构、使用高效节水灌溉技术和农艺措施等产生。输配水环节的节余水权是减少地下水补给水量而形成的水权，实际上可以归为环境水权，其水权所有者一般由政府代表。田间节余水量对应的水权属于农业用水户。因此，从一般意义上讲，对于输配水环节的节余水量，水权转让收益应归政府所有，而对于田间用水环节的节余水量，水权转让收益应归农民所有。

然而，宁夏中部干旱带水权转让涉及的相关方众多，不仅包括水权所有者，还包括扬黄工程运行管理单位、用水户协会等相关单位和个体。如果没有他们的支持，通过节约用水进行扬黄水权转换的难度很大。因此，在水权转让收益分配问题上应该考虑各个环节利益相关者的实际贡献和真正损失，结合实际积极探索收益分享机制。

2. 水权转让管理机制

水是生命之源、生产之要、生态之基，尽管水权转让是市场经济产物，但由于无序的水权转让不仅影响转让主体的合法权益和生态环境，还可能引发经济、社会乃至政治问题，对水资源可持续利用造成破坏性的影响。因此，水权转让必须有序、规范进行方显公平和正当。水权转让行为不能脱离管理，必须建立水权转让管理机制。

首先，水市场是"准市场"，必须明确水权交易规则，为水权转让主体提供行为规范的框架。水权转让价格是水权经济价值的外在体现，是引导水权合理流转、实现水资源优化配置的信号，还应该建立合理的水权转让定价机制，明确定价原则、政府指导价的覆盖范围、交易双方协商定价的内容。

其次，水权转让要经过严格的审批程序和监管，需要建立分级审批机制和制度，对水权转让的申请、审批、公示、登记等过程进行严格管理；需要完善政府监管机制和社会监督机制，对水权转让行为和过程进行监管；而且由于水权转让不仅涉及交易当事双方，也涉及一些利益相关者，加强水权转让信息披露制度、协商制度和第三方影响评价制度建设，对民主法制社会促进水权转让健康运行也必不可少。

3. 水权转让保障机制

水权转让过程是利用市场进行水资源再配置的过程，也是利益再分配过程。水资源稀缺和必要的基础水利设施，包括输配水设施、量水设施等，构成了水权转让的客观条件和硬件基础；而水权转让主、客体的清晰界定，以及必要的制度保障和组织推手，则构成了水权转让必不可少的主观条件和软件基础。要使水权转让顺利进行，必须对这些主、客观条件和软、硬件基础进行改进和完善，尤其是从制度层面，需要使水权转让相关各方的合法权益得到保障。

水权转让保障机制应该包括民主协商机制、第三方利益保护及补偿制度、水权管理与定额管理结合制度等。

2.4.3 建立利益相关者责任机制和协调机制

我国目前正在实施最严格的水资源管理制度，要求强化用水需求和用水过程管理，建立水资源管理和考核制度。水权是在一定量水资源基础上形成的无形权利，不同形态和用途的水资源构成了水权的指向对象，水权制度的主要内涵即是以市场机制为基础的水资源获取、利用、流转的规则体系。因此，加强水权制度建设，必须满足最严格的水资源管理制度的要求，严格控制用水总量，全面提高用水效率，严格控制入河湖排污总量。宁夏中部干旱带实施水权管理，特别是水权转让，涉及水利部黄河水利委员会、各级地方人民政府及其发展与改革、工业、农业、水利等主管部门以及四大灌区管理单位、农民用水户协会及农户、工业园区及企业、城镇自来水厂及居民等众多利益相关方，利益诉求点众多且可能存在冲突，因此，必须明确各利益相关者的责任和义务，建立并强化利益相关方责任机制和协调机制，协调多方利益诉求，便于实施严格水权管理，确保各方合法利益不受损害。

1. 明确利益相关方责任

宁夏中部干旱带水权管理的利益相关方包括流域、区域、供水方和用水户4个层面，每个层面的责任分工不同。

（1）流域。黄河水利委员会（以下简称"黄委"）是流域层面的水权管理机构，管理黄河干流水权分配及转让活动，保证水权转换双方的利益。开展水权转换工作应遵循1987年国务院批准的黄河耗水量分配方案，在确定的分水指标范围内进行。黄委审批年度用水计划用水，发布并执行水量调度要求和指令，包括特殊干旱年份的水量调度方案，确保自治区黄河出省断面下泄流量和水量符合要求。

（2）区域。宁夏回族自治区及其下属市、县政府是区域水权管理的责任方，其水行政主管部门是水权管理机构，发展和改革委员会、工业、农业等主管部门是相关部门。宁夏及相关市、县政府及水行政主管部门的责任是在管辖范围内贯彻落实最严格的水资源管理制度，将用水需求和用水过程管理要求贯穿到水权管理中，完成管辖范围内的水权分配、按规定权限订立相应的水权转让规则、办理水权转让的相关手续、对水权转让进行监管，确保水权转让合法、合规，实施水权管理后的用水总量严格得到控制，用水效率和效益得到提升。省（市、区）发展和改革委员会、工业、农业等主管部门要配合好水权管理的相关工作，包括在拟定产业发展计划、产业调整、种植结构调整时，要充分考虑水权管理的需要。

（3）供水方。宁夏中部干旱带灌溉用水管理是分级管理，包括扬水管理处、各区县扬黄灌溉管理单位和用水户协会，三大扬水管理处负责四大扬黄灌区主干管、干管及沿线配套泵站等工程的运行和维护；各区县扬黄灌溉管理单位负责支渠及配套工程的运行和维护，有的还负责斗渠及配套工程的运行和维护；农民用水户协会是农户自发成立的最基层的群众组织，主要负责斗渠及以下渠道和配套工程的运行和维护。工业园区的供水方一般为水厂或公司，城镇居民生活用水的供水方一般是城镇自来水厂。各供水方的责任包括具体的输水管理、用水计量、水费收缴以及一定范围内的水事纠纷调解等，要确保下级供水方或用水户使用的水量、转让的水权符合规定。

（4）用水户。宁夏中部干旱带的用水户包括农户、工业企业和城镇居民。其责任为按照所获得的水权用水，用水不超出获得的水权。农民用水户可进行水权转让，其实施水权转让时要符合有关规定，转让后的用水量不得超过获得的水权。

2. 建立并强化利益相关方责任机制

宁夏中部干旱带水权转让的前提是各相关方合法利益不受损害，而利益和责任是不可分割的，这就要求各利益相关方严格履行责任，2012 年国务院三号文件明确指出："要将水资源开发、利用、节约和保护的主要指标纳入地方经济社会发展综合评价体系，县级以上地方人民政府主要负责人对本行政区域水资源管理和保护工作负总责。主要指标落实情况考核结果要作为地方人民政府相关领导干部和企业负责人综合考核评价的重要依据"。水权管理作为水资源管理的手段之一，将直接影响到水资源开发、利用、节约和保护主要指标的落实情况，也势必影响到考核结果，因此，宁夏人民政府主要负责人要接受国家的考核，若因水权转让影响考核结果的，要负总责，并建立责任追究机制，层层追责。应在宁夏辖区内，将水权管理考核纳入水资源管理考核制度中，选择相关指标纳入水资源开发、利用、节约和保护的考核指标体系中，严格考核、明晰责任。

对于供水方或用水户不按照规定供水、用水和进行水权转让的，要严厉追究其责任，并按照规定予以处罚。

3. 强化利益相关方协调机制

宁夏中部干旱带水权管理的利益相关方众多，无论是水权分配还是水权转让，都可能存在利益冲突，强化利益相关方协调机制，有利于构建一个平台，由利益相关方充分沟通，寻求解决问题的最优方法，促进水资源的可持续利用，以及水资源管理与经济社会综合发展的相互协调。例如，开展各行业水权分配时，应由水行政主管部门牵头，发展和改革委员会、农业、工业等相关部门参与；对于水权转让原则的确定，也要经各部门协调后，明确不允许转入水权的行业等。

2.5　水权转让机制和制度框架

加强宁夏中部干旱带水权制度建设的目的是强化灌区水量分配和水权管理，把水权转让与转变农业发展方式有机结合，实现水资源的高效利用，保障经济社会用水需求。因此，必须在明晰水权转让应遵循的原则，明确可能水权转让类型的基础上，划分水权转让的关键环节，针对每一个关键环节建立兼顾水权转让各方利益、促进水资源可持续利用的水权转让机制和相关制度。

2.5.1　水权转让原则

1. 水资源可持续利用原则

水权转让应有利于中部干旱带乃至宁夏全区水资源的合理配置、高效利用、有效保护和节水型社会建设，防止片面追求经济利益。受让水权的建设项目应符合国家产业政策，符合宁夏中部干旱带产业发展规划，采用先进的节水措施和工艺，依法通过水资源论证，获得的转让水权不得高于国家规定的行业用水定额标准、总量控制限额相应的水权数量。受让方的退水水质指标必须符合相应水功能区的要求。严格禁止水权向低效益、高污染行业转让，严格限制水资源向低水平重复建设项目转移。

2. 公平和效率相结合原则

宁夏中部干旱带的水权转让要在确保粮食安全、稳定农业发展的前提下进行。宁夏中部干旱带是由农业向其他行业进行水权转让，必须以保障基本农田合理用水要求为首要基础。同时，要综合考虑水权转让的成本，扬黄灌区内（间）的水权转让优先于引黄灌区向扬黄灌区进行的水权转让；向农业用水（延伸区）进行的水权转让优先于向城镇生活用水的水权转让，优先于向工业用水的水权转让。

3. 责权明晰原则

水权转让以明晰水资源使用权为前提，所转让的水权必须依法取得，且不超过其依法取得的水使用权。水权转让是权利和义务的转移，受让方在取得权利的同时，必须承担相应义务。水权转让应该明确转让受益人的权利和义务，涉及多个受让人的，应明确各方的具体权益和义务。

4. 民主协商、有偿转让和合理补偿原则

水权转让本着转让双方自愿协商的原则进行，并实行有偿转让，水权受让方要支付水权转让的全部成本费用和出让方合理收益，以调动水权持有者开展节水进行水权转让的积极性。水权转让的有关事宜应及时向社会公开。水权转让不应损害第三方利益，涉及第三方利益的，要与第三方就相关事宜进行民主协商，若不能避免对第三方造成损失和影响的，应经过详细论证并征求得到第三方同意，给予第三方合理的经济补偿。

5. 政府调控和市场机制相结合原则

充分发挥市场在水资源配置中的作用，鼓励水资源向低耗水、低污染、高效益、高效率行业转移，同时，加强政府宏观调控，建立和规范水权转让秩序，防止造成市场垄断，切实保障农民及第三方合法权益，保护生态环境。水权出让方在转让水权后，不得申请获得新的水权，要获得新的水权，必须在通过水资源论证后，根据国家规定的行业用水定额标准、总量控制限额相应的水权数量，以水权转让的形式获得。水权受让方通过水权转让获得的水权，因生产规模达不到设计规模而多余的水量，在转让给其他使用者时，转让价格不得高于获得这些水权的转让价格。

2.5.2　可能的水权转让类型

1. 根据水权性质划分

按照水权转让是否涉及取水许可证更改，宁夏中部干旱带的水权转让可分为取水权利转让和用水权利转让（或称水使用权转让）两种模式。需要更改取水许可证的水权转让，属于取水权利转让，包括扬黄灌区间的水权转让、引黄灌区与扬黄灌区间的水权转让等；不需要更改取水许可的水权转让，属于用水权利转让，包括各灌区内部的水权转让。这两种模式都涉及保有水权（水量配额数或水资源财产权）和实际取用水权（当期可实际取用水量）。

2. 根据水权出让方与水权受让方所在灌区划分

取水权利转让的水权出让方和水权受让方肯定属于不同灌区，但水权出让方有可能是引黄灌区，也有可能是扬黄灌区，因此，取水权利转让可分为扬黄灌区向扬黄灌区的水权转让和引黄灌区向扬黄灌区的水权转让两种类型。

对于用水权利转让，因取水权拥有者不变更，则只能是灌区内的水权转让。

需要说明的是：对于固海灌区和固海扩灌灌区，这两个灌区均属于固海扬水管理处管理，因此，在这两个灌区之间进行水权转让，也属于用水权利转让，不需要进行取水许可证的变更。因此，后文在提到灌区内的水权转让时，不再单独对这两个灌区的情况进行说明。

3. 根据水权受让方的类型划分

根据水权转让的受让方的类型不同，上述每一类型的水权转让均可再分为农业用水向农业用水的水权转让、农业用水向工业用水的水权转让和农业用水向城镇生活用水的水权转让三大类。

4. 根据水权转让量划分

对于取水权利的转让，因为涉及取水许可的变更，肯定是较大规模的水权转让。

对于用水权利的转让，农业用水向工业用水和城镇生活用水的转让肯定是较大规模的水权转让，而农业用水向农业用水进行的水权转让，则可能是灌区向延伸区进行的大规模水权转让，也可能是个体用水户向个体用水户的水权转让。

5. 根据水权转让时间的长短划分

对于保有水权的转让，转让的实际上是带有财产性质权利，而不是实际取水或用水量，要求转让水权较为稳定，一般为长期水权转让。

实际取用水权的转让，转让的实际上是短期实际可用水量，一般为短期水权转让。

注：由于灌区之间的水权转让或灌区内较大规模的水权转让，大多属于规模化的向农业生产、工业生产或居民生活用水进行转让，需要较稳定、较长时间的转让，因此，一般多为保有水权的转让，而较少涉及当期实际取用水权的转让。本书中对于保有水权、大规模的用水权益的转让，都只讨论保有水权，而不对用水权利进行讨论。

6. 根据节余水量的产生环节划分

宁夏中部干旱带的水权转让建立在农业节水的基础上，根据取水、输配水、田间用水、排水的水循环环节，在输配水环节和田间环节都可以通过采取相应措施产生节余水量，以进行水权转让。根据节余水量产生的环节不同，水权转让可分为输配水环节节余水量的水权转让和田间环节节余水量的水权转让。

对于所有的取水权利转让、灌区内农业用水向工业用水和城镇生活用水进行的用水权利转让、灌区向延伸区进行的农业用水向农业用水进行的用水权利转让，均可以分为输配水环节节余水量的水权转让和田间环节节余水量的水权转让两种类型。

对于个体农业用水户向个体农业用水户的水权转让只有田间节水环节节余水量的水权转让一种类型。

有两点需要说明：

（1）输配水环节节余水量，实际上减少的是渗漏入地下、补充地下水的水量以及蒸腾蒸发量。这部分水量可以看作是环境水量。一般而言，政府是环境水量的代表，即代表环境拥有这部分水权。具体而言，由于扬黄管理处是宁夏水利厅下属的负责扬黄工程运行管理的单位，可考虑扬黄管理处代表政府拥有该部分环境水权。

（2）在田间环节采取节水措施产生节余水量，如进行的是取水权利的转让，则这部分节余水量不再通过原水利工程来输配，原来输送这部分水量产生的输配水环节的损耗水量实际上也被节余了下来。由于宁夏中部干旱带四大扬黄灌区的输配水环节水量损失率较高，这部分节余水量较为可观。在进行田间环节节余水量的取水权利转换时，可考虑附带的输配水环节节余水量的取水权利转换。对于田间环节节余水量的用水权利转让，因转让后水量仍通过原水利工程输配，很难准确评估这部分水量对应的输配水环节水量是增加了还是节余了，或者变化不大，因此不对田间环节节余水量对应的输配水环节水量作进一步考虑。

综上所述，宁夏中部干旱带全部可能的水权转让类型共有 20 种，如图 2-2 所示。

2.5.3　水权转让机制和制度框架设计

宁夏中部干旱带是通过农业节水来获得可转让水源的，因此，从获得可转让的水源、开展水权转让和实现交割保障 3 个环节研究提出水权转让机制框架，分别建立农业节水动力机制、水权转让运作管理机制和水权转让保障机

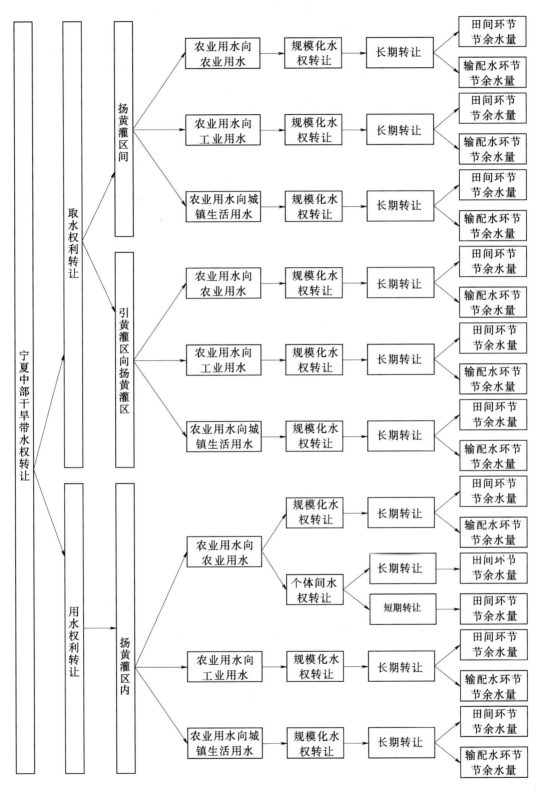

图 2-2 宁夏中部干旱带水权转让可能类型示意图

制。宁夏水权转让机制与制度建设框架如图 2-3 所示。

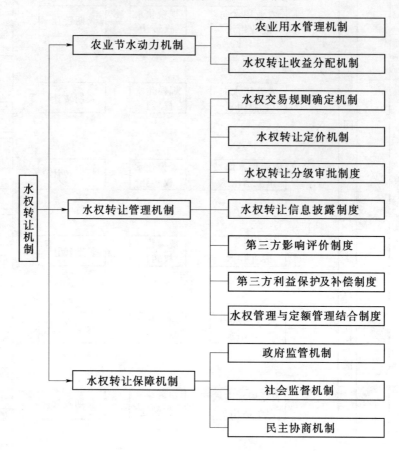

图 2-3　宁夏水权转让机制与制度建设框架

转 让 水 的 取 得

　　宁夏回族自治区已经将黄河用水指标分配到县级行政区域，分配给中部干旱带各县级行政区域的年度黄河用水指标，近年来使用已接近上限，其中红寺堡扬黄灌区更是出现超用水现象，而短时期内中部干旱带新增用水需求难以通过新增黄河用水指标来满足。要满足新增用水需求，就必须取得可转让的水源，这部分水量只能通过扬黄灌区开展农业节水获得。那么，宁夏扬黄灌区发展节水，是否存在可转让水？具体的水量是多少？需要探索建立农业节水的动力机制，通过充分挖掘农业节水动力，促进理论可转让水量真正向实际可转让水量进行转换。

3.1　理论可转让水量

　　通过分析节水的主要途径及形式，测算扬黄灌区的节水潜力，并根据投资、工程实施难度等，从理论上测算可用于水权转让的水量。

3.1.1　节水的主要途径及形式分析

　　扬黄灌区节水可以采取的主要途径包括调整种植结构、渠系防渗衬砌改造、推广田间节水灌溉技术与实施灌溉定额管理、提高管理水平、推行水价改革等。只有综合使用多种节水措施，尽量减少水分利用过程中的无效损耗，使现有的水资源能够得到充分的利用，提高单位水量的有效产出效率，才能促进节水目标的实现。

　　1. 调整种植结构

　　调整灌区作物种植结构，压减高耗水作物种植，扩大低耗水高效益作物种植，可降低灌区结构需水量。

　　四大扬黄灌区由于地处干旱带，受气候的限制，种植结构以玉米、小麦等粮食作物为主。从根本上突破干旱的制约，发展节水抗旱避灾农业，是实现灌区农业和农村经济的跨越式发展的必然要求。四大扬黄灌区调整种植结构应以减少粮食种植面积、扩大经济作物种植面积为方向，走特色高效农业产业化发展的路子，培育特色农业产业，形成规模效益，延长产业链，以优质经济作物原料基地的建设推动灌区农产品加工企业的发展壮大。具体而言，结合灌区的特色，应压缩粮食作物（玉米、小麦）面积，发展设施农业、葡萄产业、油葵种植、牧草、马铃薯、红枣等。

2. 渠系防渗衬砌改造

通过渠系防渗衬砌改造，可减少灌溉水输送过程中的无效渗漏与蒸发等水量损耗，提高灌区输水效率，从而提高渠系水利用系数，降低农作物毛需水量。

四大扬黄灌区均采用衬砌渠道输水方式，灌区建设中注重渠道防渗衬砌技术的应用，干、支、斗、农渠大部分采用了混凝土预制板衬砌、加铺防渗土工膜等节水工程措施。但是，由于扬黄工程已运行 10～30 年，且由于经费等原因，工程维修养护不到位，工程老化失修现象严重，部分渠道及渠系建筑物已出现破损现象。根据《2010 年宁夏现状农田灌溉用水有效利用系数测算分析成果报告》，各扬黄灌区渠系水利用系数低于设计渠系水利用系数 0.1～0.15，因此，进行渠系防渗衬砌改造是扬黄灌区节水挖潜的主要途径之一。

3. 推广田间节水灌溉技术与实施灌溉定额管理

在保证区域作物稳产、高产的前提下通过改变灌溉方式，推广应用高效的田间节水灌溉技术，可极大地降低灌溉过程中的无效消耗，减少田间灌溉水量。

四大扬黄灌区原设计灌溉方式均为地面灌溉。根据节水灌溉技术的研究，喷灌可较大田地面灌溉节水 30%，滴灌可较大田地面灌溉节水 50%，因此，推广田间节水灌溉技术与实施灌溉定额管理是扬黄灌区节水挖潜的主要途径之一。根据灌区节水灌溉技术试验研究，在当前经济发展水平下，灌区小麦适宜的节水灌溉技术为小畦灌溉，玉米、向日葵适宜的节水灌溉技术为沟灌或小畦灌溉，葡萄、果树适宜的灌溉技术为滴灌或沟灌，设施农业适宜的灌溉技术为滴灌或沟灌，其他作物可因地制宜地采用喷灌、滴灌、沟灌、小畦灌溉。在各类作物节水灌溉前提下，可采用宁夏水利科学研究院研究取得、宁夏水利厅批准执行的扬黄灌区主要作物节水灌溉定额标准，见表 3-1。

4. 提高管理水平

通过加强灌溉管理，提高灌区的管理水平，也能够显著减少输水、灌溉用水过程的损耗，使有限的水资源得到充分利用。

表 3 - 1　　　　　　　　　　　扬黄灌区主要作物灌溉定额标准

作物	灌溉方式	水利厅灌溉定额标准（田间进水口定额）/(m³/亩)	水利厅修正后的灌溉方式	水利厅修正后的田间净灌溉定额/(m³/亩)
小麦单种	畦灌	280	畦灌	290
小麦套种	畦灌	370	畦灌	410
玉米	畦灌/沟灌	270/210	畦灌/沟灌/滴灌	290/220/120
葵花	畦灌/滴灌	210/120	畦灌/滴灌	230/120
葡萄	沟灌/滴灌	320/240	沟灌/滴灌	340/240
果树	畦灌/沟灌/滴灌	275/205/130	畦灌/沟灌/滴灌	290/205/150
枸杞	畦灌/沟灌、滴灌	490/330/240	畦灌/沟灌、滴灌	490/370/240
马铃薯	畦灌/沟灌/滴灌	190/150/95	沟灌/滴灌	180/95
日光温室	滴灌	340	滴灌	340
拱棚	滴灌	260	滴灌	260
红枣	畦灌/沟灌/滴灌	290/210/130	畦灌/沟灌/滴灌	280/210/130
药材	畦灌/喷灌	200	畦灌	200
林带	沟灌/滴灌	200/120	沟灌/滴灌	200/120

由于扬黄灌区扬水泵站多、扬程高、渠系复杂，各级泵站、渠道的匹配、干渠直开口的调度十分复杂。提升管理水平，加强调度管理，可有效杜绝泵站间的弃水，保证灌区各级泵站灌溉区域均衡受益，提高水资源的利用效率。提升管理水平的关键是加强水调度人员的培训，提高业务能力。水调度人员严格按照核定的灌区灌溉面积、配水定额进行水量调度，可杜绝超定额用水。

5. 推行水价改革

水价是通过市场配置水资源的有效手段，具有经济杠杆的作用。按照促进节约用水、降低农民水费支出、保障灌排工程良性运行的原则，推进农业水价综合改革，农业灌排工程运行管理费用由财政适当补助，探索实行农民定额内用水享受优惠水价、超定额用水累进加价的办法，可促进农民用水户节约使用水资源。

现状灌区普遍实行了超定额用水累进加价制度，对计划用水实行平价水，对超额用水实行加价水，有效地阻止了超额用水，迫使用水户必须加强田间灌水管理，修建畦田，应用节水灌溉技术，减少田间灌水损失。但是必须看到，四大扬黄灌区现行水价低于成本，还要进一步完善水价形成机制和管理办法，在充分兼顾农业用水户承受能力的基础上，建立科学合理的农业节水水价形成机制，提高农业的节水意识，促进农业灌溉方式的转变。

3.1.2　节水潜力测算分析

灌区节水的途径主要通过灌区种植结构调整、灌区渠系及其建筑物改造、田间推广高效节水灌溉技术或适宜的地面灌溉技术，减少灌区输水、用水过程的无效消耗，提高水资源的利用效率，挖掘灌区节水潜力。

1. 灌区渠系及其建筑物改造

渠道衬砌及建筑物改造可节约输水过程中的无效水量损失。目前，四大扬黄灌区干渠、支渠、斗渠、农渠及田间都可通过渠系及其建筑物改造节水。根据调研，2010 年，四大扬黄灌区干渠、支渠、斗渠、农渠、田间及灌溉水利用系数见表 3-2 所示。根据灌区建设改造规划，至 2015 年各类水利用系数的规划值见表 3-2。

表 3-2　　　　　　　　　　四大扬黄灌区渠系及其建筑物改造目标

水利用系数	红寺堡		盐环定		固海		固海扩灌	
	现状值	规划值	现状值	规划值	现状值	规划值	现状值	规划值
干渠水利用系数	0.905	0.905	0.89	0.90	0.90	0.90	0.864	0.90
支斗农渠水利用系数	0.77	0.82	0.757	0.80	0.77	0.79	0.807	0.827
田间水利用系数	0.85	0.90	0.90	0.90	0.85	0.90	0.85	0.90
灌溉水利用系数	0.593	0.67	0.606	0.65	0.588	0.64	0.593	0.67

注　现状值以 2010 年为水平年，规划值以 2015 年为水平年。

2. 种植结构调整

目前，宁夏扬黄灌区种植结构以粮食作物为主，经济作物为辅。调整种植结构，减少粮食作物种植面积，增加经济作物，特别是特色作物种植，将提高农民收入。依据各类规划，经综合分析，结合四大扬黄灌区发展的可能方向，制定四大扬黄灌区 2015 年种植结构调整目标，见表 3-3。

3. 灌溉方式及灌溉定额

根据《宁夏"十二五"高效节水规划》，在田间应用高效节水灌溉技术，其中小麦、油葵、向日葵、牧草、甘草、苏丹草、黄花全部推广应用小畦灌溉，玉米、马铃薯全部推广应用沟灌，枸杞、葡萄、西瓜、蔬菜、豆类、设施农业、温棚、经济林果全部推广滴灌，药材采用喷灌，庭院经济采用滴灌或喷灌，其他作物因地制宜地采用畦灌、滴灌或喷灌，灌溉定额采用宁夏水利厅推荐的灌溉定额标准。四大扬黄灌区 2015 年各种作物的规划灌溉方式及灌溉定额见表 3-4。

表 3 – 3　　　　　　　　　　四大扬黄灌区种植结构调整目标

灌区	作物种类	面积/亩	比例/%	调整后的面积/亩	调整后的比例/%
红寺堡	小麦	31865	6.03	25000	4.73
	玉米	244525	46.25	110000	20.81
	油葵	53315	10.08	53315	10.08
	马铃薯	9120	1.73	9120	1.73
	葡萄	69935	13.23	200000	37.82
	枸杞	12270	2.32	12270	2.32
	药材	7180	1.36	7180	1.36
	温棚	7770	1.47	19095	3.61
	庭院	13034	2.47	13034	2.47
	果树林木牧草	76231	14.41	76231	14.42
	其他	3430	0.65	3430	0.65
	合计	528675	100	528675	100
盐环定	玉米	10.77	59.2	6.9	38.0
	马铃薯	0.46	2.5	2.3	12.6
	向日葵	3.21	17.6	1.2	6.6
	苜蓿	0.85	4.6	1.4	7.7
	甘草	0.10	0.6	0.7	3.8
	苏丹草	0.78	4.3	1.8	10.0
	黄花	0.40	2.2	2.0	11.0
	蔬菜	0.59	3.3	0.3	1.6
	西甜瓜	0.03	0.2	0.3	1.6
	其他	1.01	5.5	1.3	7.1
	合计	18.2	100	18.2	100
固海	小麦	105966	16.2	83382	12.7
	玉米	402715	61.5	382542	58.4
	油葵	36803	5.6	52113	8.0
	马铃薯	10679	1.6	4775	0.7
	豆类	904	0.1	1590	0.2
	枸杞	24851	3.8	34514	5.3
	药材	459	0.1	1000	0.2
	西瓜	10432	1.6	11878	1.8
	果树	28779	4.4	9883	1.5
	其他	33479	5.1	73391	11.2
	合计	655068	100	655068	100

续表

灌区	作物种类	面积/亩	比例/%	调整后的面积/亩	调整后的比例/%
固海扩灌	小麦	17468	7.4	18589	7.9
	玉米	142572	60.5	112758	47.8
	油葵	64023	27.1	77138	32.7
	马铃薯	1381	0.6	4246	1.8
	枸杞	452	0.2	0	0.0
	温棚	1214	0.5	4954	2.1
	西瓜	1261	0.5	7549	3.2
	其他（庭院）	5464	2.3	5709	2.4
	果树	2061	0.9	4954	2.1
	合计	235896	100	235896	100

表 3-4　　　　　四大扬黄灌区各类作物规划灌溉方式及灌溉定额　　　　单位：$m^3/$亩

作物	灌溉方式	田间净灌溉定额
小麦单种	畦灌	290
小麦套种	畦灌	410
玉米	畦灌/沟灌/滴灌	290/220/120
葵花	畦灌/滴灌	230/120
葡萄	沟灌/滴灌	340/240
果树	畦灌/沟灌/滴灌	290/205/150
枸杞	畦灌/沟灌/滴灌	490/370/240
马铃薯	沟灌/滴灌	180/95
日光温室	滴灌	340
拱棚	滴灌	260
红枣	畦灌/沟灌/滴灌	280/210/130
药材	畦灌	200
林带	沟灌/滴灌	200/120

4. 不同节水措施方案下节水潜力测算方法及结果

节水潜力的测算不是几种节水措施潜力的简单累积，推广应用不同的节水措施，节水潜力的测算结果也不同。通过对种植结构调整、灌区支斗农渠系节水改造、灌区不同作物推广应用适宜的节水灌溉技术 3 种措施不同组合状况下的节水潜力测算，共得出 7 种组合的测算结果。不同组合节水潜力不同，四大扬黄灌区节水潜力测算结果见表 3-5。

表 3-5　　　四大扬黄灌区不同节水措施下节水潜力测算成果　　单位：万 m³

灌区	节水措施	田间净用水量	田间毛用水量	直开口用水量	直开口节水潜力	田间节水潜力	渠道节水潜力
红寺堡	无	13763.9	16192.83	21029.65	0	0	0
	渠道衬砌	13763.9	16192.83	19747	1282.65	0	1282.65
	调整种植结构	14259	16775	21785	−755	−493	−262
	田间高效节水灌溉	11739	13047	16939	4090.65	3149.8	940.8
	渠道衬砌＋调整种植结构	14259	16775	20457	−572	−495	−77
	渠道衬砌＋田间高效节水灌溉	11739	13043	15905	5124.65	3149.8	1974.8
	种植结构调整＋田间节水灌溉	12228	13587	17645	3384.65	2605.8	778.8
	渠道衬砌＋种植结构调整＋田间高效节水灌溉	12228	13587	16569	4460.65	2605.8	1854.8
盐环定	无	3931	4368	5770			
	渠道衬砌	3931	4368	5460	310	0	310
	调整种植结构	3488	3875	5119	651	493	158
	田间高效节水灌溉	3817	4241	5603	167	127	40
	渠道衬砌＋种植结构调整	3488	3875	4844	926	493	433
	渠道衬砌＋田间节水灌溉	3817	4241	5301	469	127	342
	种植结构调整＋田间节水灌溉	3308	3675	4855	915	693	222
	渠道衬砌＋种植结构调整＋田间节水灌溉	3308	3675	4594	1176	693	483
固海	无	19388	22809	29623			
	渠道衬砌	19388	22809	28872	750	0	750
	调整种植结构	18762	22073	28666	956	626	330
	田间高效节水灌溉	15283	16981	22053	7569	5828	1741
	渠道衬砌＋调整种植结构	18762	22073	27940	1682	626	1065
	渠道衬砌＋田间节水灌溉	15283	16981	21495	8127	5828	2299
	种植结构调整＋田间节水灌溉	15170	16856	21890	7732	5953	1778
	渠道衬砌＋种植结构调整＋田间节水灌溉	15170	16856	21336	8286	5953	2333

续表

灌区	节水措施	田间净用水量	田间毛用水量	直开口用水量	直开口节水潜力	田间节水潜力	渠道节水潜力
固海扩灌	无	5930	6976	8644			
	渠道衬砌	5930	6976	8434	211		211
	调整种植结构	5825	6853	8491	153	48	105
	田间高效节水灌溉	5403	6003	7439	1205	973	232
	渠道衬砌＋调整种植结构	5825	6853	8285	359	254	105
	渠道衬砌＋田间节水灌溉方式	5403	6003	7259	1385	973	412
	种植结构调整＋田间节水灌溉	5375	5972	7400	1244	1004	240
	渠道衬砌＋种植结构调整＋田间节水灌溉	5375	5972	7221	1423	1004	419

5. 推荐节水措施方案下的节水潜力分析

灌区渠道防渗衬砌是节水的最直接和最可靠的措施。但是，在扬黄灌区，由于干渠、支渠、斗渠道已全部衬砌，部分农渠也已衬砌，渠系水利用系数较引黄灌区高，但仍达不到设计指标的主要原因是管理落后和部分工程破损而致。由于扬黄灌区开展渠道防渗衬砌改造挖掘节水潜力有限，相对节水成本较高，宁夏水利发展规划制定扬黄灌区未来的发展方向是逐步实现管道输水，不再安排大型的灌区渠道衬砌节水改造项目。因此，不再将渠道防渗衬砌作为推荐的节水措施。

而对于种植结构调整，有些区域调整后有节水潜力可挖掘，但有些区域因发展高效经济作物，还可能增加用水量，而且种植结构受市场导向作用强烈，波动较大。因此，灌区的种植结构调整必须同其他节水措施联合应用，才可能实现真正意义上的节水、高效。

因此，四大扬黄灌区节水的重点是在田间推广高效节水灌溉技术和适宜的地面节水灌溉技术，如推广喷灌、滴灌、小畦灌溉、沟灌、激光平地技术等。推荐的节水组合措施是适当调整种植结构，同时在田间推广高效节水灌溉技术和适宜的地面节水灌溉技术。推荐各扬黄灌区 2015 年现实的节水方案和潜力分析成果见表 3-6。

表 3 - 6   现状渠道＋种植结构调整＋田间高效节水灌溉组合方案节水潜力

灌区名称	田间净用水量/万 m³	田间毛用水量/万 m³	直开口用水量/万 m³	直开口节水潜力/万 m³			现状农业用水量/万 m³	节水率/%
				合计	田间节水潜力	渠道节水潜力		
红寺堡	12228	13587	17645	3384.65	2605.8	778.8	21029.65	16.1
盐环定	3308	3675	4855	915	693	222	5770	15.9
固海	15170	16856	21890	7732	5953	1778	29622	26.1
固海扩灌	5375	5972	7400	1244	1004	240	8644	14.4

3.1.3 可转让水量测算分析

并不是所有挖潜节约的水量都可用于转让，如红寺堡灌区已经出现超指标用水现象，其采取节水措施后挖潜的水量首先应偿还超用水指标，这部分节约水量是不可以转让的，因此，必须针对四大扬黄灌区的节水潜力进一步分析可转让量。

1. 红寺堡灌区可转让水量测算

红寺堡灌区 2010 年现状直开口用水量 21029.65 万 m³。根据对红寺堡灌区现有规划成果以及批复项目相关用水情况分析，结合第 2 章各行业需水预测结果，到 2015 年总用水量为 22936.54 万 m³，见表 3 - 7。

表 3 - 7   红寺堡灌区 2015 年需水预测汇总表

需水项目	面积/万亩	2015 年直开口需水量/万 m³	2015 年扬黄工程可供水量/万 m³
引黄老灌区需水	52.87	17645	17645
红寺堡已开发待灌溉土地需水	5.46	1598	1598
2015 年生态需水		79.24	79
同心县已开发待灌溉土地需水	1.7	498	498
第一批鲁家窑生态移民需水		126	126
红寺堡开发区高效节水补灌区需水	8.2855	627	452
同心下马关高效节水补灌区需水	13	840	
第二批生态移民需水		509.5	
2015 年县域工业需水		67.5	
慈善工业园区需水		564.5	
柳泉水源地控制范围人畜饮水		286.8	
县域其他区域人畜饮水		95	
合计		22936.54	20272

红寺堡灌区属超水权指标取水的灌区。其节水潜力是在 2010 年现状基础上的节水潜力,按照水权转让的基本原则,其节水潜力应首先用于偿还超用水权指标,剩余的节水潜力按一定次序满足灌区新增项目用水。现状红寺堡灌区超用水权指标 757.65 万 m³,节水潜力为 3384 万 m³,在偿还超用水指标后,剩余节水潜力 2626 万 m³。由于灌区新增项目较多,如生态项目、鲁家窑慈善工业园区项目、生态移民项目等,剩余 2626 万 m³ 节水潜力无法满足所有项目的需水。

根据水资源管理的以供定需原则并结合各项目的供水优先次序,对红寺堡灌区进行水资源配置,其可转让水量 2626 万 m³,其中农业向工业转让水量 565 万 m³,农业向农业转让水量 1983 万 m³,水权转让均属灌区内部转让,见表 3-8。部分新增项目无水资源供给。

表 3-8　　　　　　　　　　红寺堡灌区水权转换关系及转上水量

需 水 项 目	需水量 /万 m³	节水潜力配置水量 /万 m³	水权转让量 /万 m³	转让性质
引黄老灌区需水	17645			已用水项目
偿还超用水指标		757		
2015 年生态需水	79.24	79	79	已用水项目节水潜力配置
慈善工业园区需水	564.5	565	565	农业节水转让工业用水
第一批鲁家窑生态移民需水	126	126	126	农业节水转让农业用水
红寺堡已开发待灌溉土地需水	1598	1598	1598	农业节水转让农业用水
同心县已开发待灌溉土地需水	498	259	259	农业节水转让农业用水存在缺口
同心下马关高效节水补灌区需水	840			无水资源配置
红寺堡开发区高效节水补灌区需水	627			无水资源配置
第二批生态移民需水	509.5			无水资源配置
柳泉水源地控制范围人畜饮水	286.8			区域内地下水水源配置
2015 年县域工业需水	67.5			区域内地下水水源配置
县域其他区域人畜饮水	95			区域内地下水水源配置
合计	22936	3384	2627	

2. 盐环定灌区可转让水量测算

盐环定灌区 2010 年干渠直开口引水量 6577 万 m³,较水权分配的干渠直开口取水指标 7060 万 m³ 少 483 万 m³;直开口农业用水量为 5770 万 m³,较分配的直开口水权水量 7060 万 m³ 少 1290 万 m³,农业没有利用的水权指标被刘家沟工业用水与盐池生态用水占用。

根据对盐环定灌区现有规划成果以及批复项目相关用水情况分析，结合第2章各行业需水预测结果，到2015年盐环定扬黄工程宁夏灌区干渠直开口总需水量9095万 m³，其中农业灌溉需水6560万 m³，盐池生态需水240万 m³，刘家沟需水2295万 m³，盐环定扬黄工程的用水指标在满足灌区农业用水后，不能满足灌区工业用水需求，工业用水需从其他灌区进行水权转让获得。2015年宁夏灌区各行业具体需水预测结果见表3−9。

表3−9　　　　　　　盐环定灌区2015年需水预测与供需平衡分析　　　单位：万 m³

需水项目			2015年直开口需水量	2015年直开口可供水量
宁夏灌区	农业灌溉	老灌区	4855	4855
		已开发待灌溉土地	1339.5	1339.5
		补灌项目	365.6	365.6
		小计	6560	6560
	盐池生态用水		240	240
	刘家沟水库（工业、人饮）		2295	260
	合计		9095	7060

　　以2010年农业用水为基础，灌区可以挖掘节水潜力915万 m³。根据灌区需水预测，2015年农业、生态、工业、人饮需水总量9095万 m³，灌区直开口取水指标7060万 m³，能满足灌区农业用水需求。挖掘的节水潜力915万 m³ 主要用于太阳山工业用水，属灌区内部农业向工业转让。太阳山工业项目的需水缺口需从其他灌区采用水权转让形式获得。灌区水权转换关系及转换水量见表3−10。

表3−10　　　　　　　　盐环定灌区水权转换关系及转让水量　　　单位：万 m³

需水项目	直开口需水量	节水潜力配置水量	水权转让量	备注
老灌区用水	4855			已用水项目
已开发待灌溉土地	1339.5	915	424.5	已用水项目
高效节水补灌项目	365.6	0	365.6	农业向农业转让
盐池生态用水	240		240	农业向生态转让
刘家沟水库（工业、人饮）	2295		260	农业向工业、人饮转让不足部分从其他灌区通过水权转让获得
合计	9095	915	1290	

3. 固海灌区可转让水量测算

固海灌区 2008—2010 年干渠直开口平均引水量 29622 万 m³，小于直开口 31700 万 m³ 取水指标 2078 万 m³。根据对固海灌区现有规划成果以及批复项目相关用水情况分析，结合第 2 章各行业需水预测结果，2015 年灌区在直开口总需水量为 24768.1 万 m³，小于水权分配的直开口取水指标 31700 万 m³。灌区 2015 年需水量详见表 3-11。

表 3-11　　　　　　　　　　固海灌区 2015 年总需水量表

需水项目	干渠直开口需水量 /万 m³	需水项目	干渠直开口需水量 /万 m³
扬黄老灌区	21890	城镇、农村生活用水	903.3
现状及规划的节水补灌区	752.4	工业及建筑业用水	722.4
生态用水	500	总计	24768.1

根据灌区组合节水措施潜力分析，在保证扬黄老灌区未来农业灌溉用水的前提下，可以挖掘灌区节水潜力 7732 万 m³。

2010 年灌区的工业、农村人畜饮水、城镇生活用水均利用当地地下水资源，没有利用黄河水，考虑未来用水量的增大、当地水资源或地下水资源的减少，提高供水质量和保证率的要求，未来这部分用水可考虑利用灌区节水潜力 7732 万 m³ 满足高效补灌、工业、人畜饮水、生态等用水，总计 2877.7 万 m³，灌区内部转让水量 2125.7 万 m³，属农业向工业、生态、生活转让。剩余挖潜的节水潜力 4854.3 万 m³ 可以向灌区内部新增农业、生活、工业项目实行水权转让。同时灌区还有剩余水权指标 2078 万 m³。固海灌区水权转让关系与转让水量见表 3-12。

表 3-12　　　　　　　　固海灌区水权转让关系及转让水量

新增需水项目	需水量 /万 m³	节水潜力配置水量 /万 m³	水权转让量 /万 m³	备　　注
老灌区节水改造后用水	21890			节水改造后用水量
现状及规划的节水补灌区	752	752		已用水项目
生态用水	500	500	500	农业向生态转让
生活用水	903.3	903.3	903.3	农业向城市生活转让
工业及建筑业用水	722.4	722.4	722.4	农业向工业转让
小计	24767.7	2877.7	2125.7	灌区内部转让
待转让的水量		4854.3	4854.3	达到节水潜力后灌区内部转让
未利用初始水权指标			2078	慎重转让
总计	24767.7	7732		

注　未利用初始水权指标＝初始水权总控制指标（31700 万 m³）－灌区需水量（24767.7 万 m³）－待转让的节水潜力（4854.3 万 m³）。

4. 固海扩灌灌区可转让水量测算

固海扩灌灌区 2008—2010 年干渠直开口平均引水量 8644 万 m³，较干渠直开口 12200 万 m³ 取水指标少 3556 万 m³。根据对固海扩灌灌区现有规划成果以及批复项目相关用水情况分析，结合第 2 章各行业需水预测结果，2015 年灌区直开口总需水量为 9766.58 万 m³，较水权分配直开口取水量 12200 万 m³ 少 2433.42 万 m³。灌区 2015 年总需水量预测见表 3-13。

表 3-13   固海扩灌灌区 2015 年总需水量表   单位：万 m³

项　　目		干渠直开口需水量
农业用水	扬黄老灌区	7400
	现状及规划的节水补灌区	707.08
	固海扩灌十一泵站以后人畜饮水及高效节水灌溉工程	880
生态用水		108
生活用水		386.7
工业及建筑业用水		284.8
总计		9766.58

以 2010 年灌区用水为基础，测算灌区直开口节水潜力 1244 万 m³。

2010 年灌区的工业、农村人畜饮水、城镇生活用水均利用当地地下水资源，没有利用黄河水，考虑未来用水量的增大、当地水资源或地下水资源的减少以及提高供水质量和保证率的要求，未来这部分用水可考虑利用灌区节水潜力 1244 万 m³ 和部分剩余水权指标满足高效补灌、工业、人畜饮水、生态等用水，总计 1507.3 万 m³，剩余水权指标 2170.1 万 m³ 可以向灌区新增农业、生活、工业项目实行水权转让，如生态移民、固原盐化工项目。固海扩灌灌区水权转让关系与转让水量见表 3-14。

表 3-14   固海扩灌灌区水权转让关系与转让水量   单位：万 m³

用 水 项 目	直开口需水量	节水潜力配置水量	水权转让量	未利用初始水权指标配置水量	备注
扬黄老灌区	7400				已用水项目
规划的节水补灌区	707.1				已用水项目
固海扩灌十一泵站以后高效节水灌溉工程	880	727.8	152.2		已用水项目利用水权配置
生态用水	108	108	108		农业转让生态
生活用水	386.7	386.7	386.7		农业转让城镇生活

续表

用　水　项　目	直开口需水量	节水潜力配置水量	水权转让量	未利用初始水权指标配置水量	备注
工业及建筑业用水	284.8	21.5	21.5	263.3	农业转让向业
合计	9766.6	1244	668.4	263.3	灌区内部转让
未利用初始水权指标				2170.1	农业向固原盐化工慎重转让2000万 m³

注　未利用初始水权指标＝初始水权总控制指标（12200 万 m³）－灌区需水量（9766.6 万 m³）－未利用初始水权指标配置水量（263.3 万 m³）。

3.2　农业节水动力机制

农业节水动力机制是为调动各利益相关方，尤其是农民节水积极性，以获得可转让水源所必须构建的机制，应当由严格定额用水管理机制和水权转让利益分享机制构成。通过实现精细化用水管理，农户节约水费支出，相关各方分享节水收益，只有依靠激励与约束形成利益驱动，才能产生持久的节水动力。

3.2.1　农业定额用水管理机制

科学合理的农业用水管理机制是以定额用水管理为出发点和落脚点，以严格用水计量为基础，以水价的杠杆作用为手段，三管齐下，促使农民产生节水内生动力。

1. 科学制定用水定额

用水定额的制定要因地制宜，针对灌区主要作物类型，根据相关规范，通过科学的灌溉试验来确定。同时，要综合考虑现有灌溉方式和适宜的节水灌溉方式，从严确定灌溉定额，且可每年适当缩减灌溉定额。

2. 严格用水计量

大力推广用水计量设施的安装，出台用水计量办法，用水计量要做到公平和透明，使计量结果获得用水户的认可。可安装 IC 卡预付费计量装置，每年购买的水量不得超过用水定额，超用水必须重新购买水量，若当年无水量可供给超用水部分，则只能通过水权转让，购买其余农户的节余水量来满足用水需要。

3. 实行奖罚分明的农业水价机制

实行奖罚分明的农业水价机制就是要建立起定额内用水执行优惠水价、超定额用水累进加价、低于定额用水实施奖励的农业水价机制。定额内用水要执行由财政补助后的优惠水价，在宁夏中部干旱带，应积极争取中央、省、市、县各级财政的最大补助力度，大力提高优惠幅度，减轻农民定额内用水负担。超定额用水累进加价的幅度要大，超定额后的用水水价包括水利工程供水全成本和罚金两个部分；可设置多个阶梯，超用水越多，水价越高；超定额后的第一个阶梯，水价可设定为水利工程供水全成本水价和一定量的罚金，第二阶梯水价可设定为水利工程全成本水价和第一阶梯罚金的 2 倍；超定额用水罚金用于构建农业节水基金，用于奖励节约用水的对象。低于定额节约用水，可设定一个幅度，如用水定额的 10%，当农户节约用水超过该幅度时，对该农户进行奖励，奖励经费的来源为农业节水基金。当然，即便节约用水量未超过该幅度，农户也减少了水费支出。

3.2.2 水权转让收益分享机制

水权转让是由利益驱动的，一般由低效率和低效益用水向高效率和高效益用水方向流转。宁夏中部干旱带水资源短缺，但用水方式粗放，有一定的节约潜力，当挖掘这些节约潜力进行水权转让可获得的收益大于成本时，水权拥有者便会产生节水动力。水权转让涉及流域与区域的各级水权管理部门、灌区各级管理单位、农民用水户协会和农民等多个利益相关方。只有最大限度调动各方积极性，特别是作为直接农业用水户的农民的节水积极性，才能做到有效地节水挖潜。因此，在中部干旱带开展以农业节水为基础的水权转让，亟须建立起合理的水权转让收益分享机制。

1. 输配水环节节余水量

对于输配水环节节余水量的水权转让，政府为水权拥有者，即水权转让方，应享有相关水权转让的绝大部分收益。由于三大扬水管理处为宁夏水利厅直属事业单位，而各区县扬黄灌溉管理单位为各区县水利局直属事业单位，建议由这些扬黄工程运行管理单位代表政府拥有管辖范围内扬黄工程沿线的环境水权，即在进行输配水环节节余水量的水权转让时，由相应的扬黄工程运行管理单位代替政府作为水权转让方。

与此同时，扬黄工程运行管理单位是获得水权转让水源的直接贡献方，其采取相应措施进行节水的动力、对节水工程运行维护的程度等都对输配水环节的节水成效起到重要的决定性作用，极大地影响了可转让水量，因此，在输配水环节节余水量的水权转让收益分配中，更应着重考虑作出贡献的扬黄工程运行管理单位。

因此，在输配水环节节余水量的水权转让中，扬黄工程运行管理单位根据实际情况拥有全部或部分的水权转让收益，获得的收益主要用于补偿水权转让可能带来的损失以及作为有效节水的奖励。

　　2. 田间环节节余水量

　　对于田间环节节余水量的水权转让，农业用水户为实际用水权所有者，即水权转让方，应享有田间环节节余水量水权转让的绝大部分收益。

　　扬黄工程运行管理单位、农民用水户协会是水权转让的间接贡献方，其节水积极性对于在较大范围内形成节水氛围，从而集中形成节余水量，完成较大规模的水权转让具有决定性意义。对于在组织农民集体采取节水措施、产生节余水量进行水权转让过程中做出不可忽视的贡献的扬黄工程运行管理单位和农民用水户协会，应合理分享水权转让收益，但只能是一小部分。这一小部分收益主要是用于补偿水权转让可能对扬黄工程运行管理单位带来的损失以及作为对有效节水做出贡献的奖励。

第4章

水权转让活动和行为（过程）管理

有了可转让的水源，在具备输配水硬件设施条件下，水权供需双方就可进行水权转让。但水权转让活动必须遵循一定的规则，服从相关管理制度和规范，既要制定水权交易规则，明确定价机制，严格审批制度和信息披露制度，还要建立第三方影响评价制度及利益保护和补偿制度，实施水权管理与定额管理相结合制度，从而实现水权转让的运作和管理规范化、制度化。

4.1 水权交易规则制定

宁夏中部干旱带水权交易应遵循有关法律、法规和政策，与具体实际相联系，明确规则的制定主体及主要内容。

1. 规则制定主体

宁夏中部干旱带水权交易可在流域与区域、供水方、用水户等不同层面上进行，根据管理权限的不同，不同层面的水权交易规则应由不同的主体制定。水利部黄河水利委员会是黄河全流域水权交易规则的制定主体，省市县级人民政府水行政主管部门应牵头制定管辖范围内的水权交易规则。当然，规则的制定必须有利益相关方的参与，在多方协商下，制定的水权交易规则才更科学、合理、符合实际要求。

2. 主要内容

水权交易规则是供大家在水权交易时共同遵守的制度和章程，应包括水权转让的原则、前提条件、具体流程、方式、期限、价格、补偿、监管等多方面的内容。不同的水权交易规则制定主体要组织相关方制定管辖范围内的水权交易规则，同时该规则应不违背上一级管理权限主体制定的交易规则。

4.2 水权转让定价机制

西方经济学中理论定价模式包括服务成本定价模式、用水户定价模式、投资机会成本定价模式、边际成本定价模式、完全市场定价模式以及全成本定价模式等，这些模式彼此之间并非截然对立、完全分割的，而是在实际应用中有着千丝万缕的联系、相互交融。特别是水市场属于准市场，应考虑多种因素，综合多种模式，形成合理的水权转让定价机制。水权转让定价机制的建立需要明确地包括以下内容。

1. 定价原则

应在剖析影响宁夏中部干旱带水权转让价格主要因素的基础上，提出水权转让定价原则，包括以水权转让成本费用为基础的原则、民主协商的原则、利益相关者参与的原则、政府监管的原则、政府调控和市场调节相结合的原则等。

2. 定价主体

宁夏中部干旱带水资源严重短缺，而市场定价最能反映出该地区的水资源价值，充分发挥市场在资源配置中的积极作用，在我国实施社会主义市场经济体制下，应由市场充当水权转让的定价主体。当然，水市场是准市场，水权转让定价不能完全由市场决定，而必须充分发挥政府宏观调控的职能，弥补水市场的失灵。因此，宁夏中部干旱带水权转让定价的主体为政府指导下的市场。

3. 政府指导价格范围

为应对市场失灵，防止出现市场垄断抬高价格或者市场价格过低恶性竞争等现象，政府应加强指导，给出水权转让的合理价格区间，对于转让价格低于或高于该区间的，要进行宏观调控，可运用行政、税收等手段，限制不合理定价的水权转让的发生，从而确保价格的合理性，保护水权转让双方的权利不受损害。

4. 定价方式

在政府指导价格区间内，水权转让价格由当事双方在规定的水市场规则下自由、公平、公正地协商确定。双方就水权转让协商定价的主要内容包括转让时间、水量、交易时间、期限、价格、水权保障制度等。

4.3　水权转让分级审批机制和制度

审批机制是水权管理机构应申请者的请求对水权交易相关事宜进行审查、批复，规范水权交易主体行为，确保水权转让交易进行的重要机制，对于发挥政府宏观调控职能、确保水权交易公平、确保社会公共利益和第三方利益不受损害等方面具有重要作用。宁夏中部干旱带水权转让有多种类型，涉及取水许可变更的应依法通过相关部门的审批，不涉及取水许可变更的应按规定通过相关部门的核准。为此，应该建立权限配置合理、行为规范、审查审批高效的水权转让分级审批机制。

1. 审批主体

水权转让的审批权限应与初始水权分配的权限相一致，根据水权转让双方的审批机关是否相同，分为两种审批方式：一是交易双方原审批机关相同时，水权交易由共同的原审批机关负责审批；二是交易双方原审批机关不同时，水权交易双方应报请各自的原审批机关审批。对于只需进行核准的水权转让，核准权限同审批权限。

2. 审批原则

为了保障流域水资源可持续利用、提高水资源的利用效率，同时防止水权交易对利益相关方造成损害，水权交易审批机关应遵守审批原则，对申请材料进行全面审查，并综合考虑水权交易对水资源配置、生态与环境、社会公共利益、第三者利益以及经济社会发展带来的影响，对水权转让进行审批。水权转让审批应当遵循以下原则：一是水权交易主体具备法定水权交易资格；二是所交易水权属于可交易的水权，并且符合水权交易总体规划；三是水权交易必须以水资源的可持续利用和生态环境良性循环为基本前提，交易不能损害生态环境或者影响侵占生态环境用水，水权交易后，受让方的退水水质指标必须符合相应水功能区的要求；四是水权交易必须考虑到对本地区未来经济社会发展潜力的影响；五是水权交易不能损害第三方利益，对第三方利益有影响的必须进行适当的补偿，并征得利益相关者的同意；六是限制水权向低效益、高污染行业转让。

3. 不予批准的情形

有下列情形之一的，审批机关不予批准水权转让申请：申请人未按照规定取水和缴纳水资源费的；申请人的取水量需要核减的；取水单位转让水权对供水用户产生不利影响且没有制定有效的补偿方案和补救措施的；对生态与环境、社会公共利益、第三方利益可能造成不利影响且没有制定有效的补偿方案和补救措施的；向国家限制发展的产业用水户转让的。

4. 水权交易申请的批复

由于水权转让相关事宜复杂，审查需要一定的时间，但水权转让通常又具有迫切性，为提高行政效率，应对水权交易申请的审批时间作出明确的规定，确保水权交易的合宜性。参考有关水权转让审批的规定，水权转让审批机关应当自受理水权转让申请之日起 20 个工作日内决定批准或不批准。予以批准的，应当同时签发水权交易申请批准文件；不予以批准的，应当书面告知申请人不批准的理由和依据。水权交易批准文件应当包括申请人的名称（姓名）、地址、转让类型、批准转让的取水权/保有水权额度、转让后取水权/保有水权变更事项等内容。

4.4　水权转让信息披露制度

信息披露是增强水权交易公开性透明性的重要方式，信息披露包括 3 个方面：一是水权出让需求信息和水权受让需求信息的披露；二是水权交易信息的披露，在交易双方达成共识，上报审批（核准）机关时进行拟交易信息公告；三是水权交易完成后发布公告。随着信息技术的快速发展，水权转让各方能够通过网络进行水权转让相关信息的披露和交流，不仅有助于降低交易成本，而且有利于利益相关者维护自身的合法权益。

1. 信息披露平台的搭建

宁夏政府要负责搭建水权转让信息披露平台，以互联网为载体，方便水权出让需求信息和水权受让需求信息以快速、便捷的形式进行公布，以及公众在固定的平台上快速、便捷地浏览信息。同时也便于政府水权管理部门根据规定在审批、核准交易信息前，以及水权交易完成后，在该平台公布交易信息，并留存交易记录。

2. 信息的可靠性审查

在信息披露主体多元化的情况下，水权出让需求信息和水权受让需求信息在质量方面难免参差不齐或存在不真实性，对水权转让信息寻求者产生误导，应由有关水权管理机构按规定对信息进行核实，严惩虚假信息提供者。

3. 审批前后信息公告

信息公告的目的是要保障利益相关者的知情权，所以审批机构在接受水权交易的申请后，以及审批机关作出水权交易审批决定后，应及时将有关事项向社会公告。公告内容应包括：交易人名称、地址；交易人的取水地点、取出方式，排水地点、排水方式；转让水权额度、转让类型、转让起止时间、转让期限、交易额度；利害关系人提出异议的期限、方式和受理机关；水权转让的审批机关等。

4.5　水权转让第三方影响评价制度

第三方影响评价是水权交易审批的重要依据。水权转让第三方影响评价制度是对水权交易外部影响进行客观、公正衡量的制度安排。为对水权交易进行客观、公正、规范的评价，亟须建立水权交易的第三方影响评价制度，确立评价的主体、评价的基本程序、利益相关方参与监督的形式和评价标准等。在宁夏中部干旱带，由于水权转换的主、客体较为复杂，再加上当地属于水资源短缺、生态环境脆弱区，水权转换极有可能对第三方（包括灌区的其他农业用水户、生态环境用水）等产生影响。因此，建立合宜的水权转让第三方影响评价制度十分必要。

1. 评价的主体

实施第三方影响评价的主体可以是水权交易审批机构，也可以是中立的评价机构或者团体。在宁夏中部干旱带，水权交易的初期可能难以出现权威的第三方中立评价机构，由水权交易审批机构担当评价主体较为可行和适合。这主要是由于其掌握实施第三方评价所需的基础资料，具有专业优势，而且更为熟悉水权转让的规则、原则、政策等。随着宁夏中部干旱带水权交易市场的日趋成熟，逐步发展有资质的中立评价机构或团体开展第三方评价工作也是可行的。

2. 评价的基本程序

水权转让的第三方评价机制在水权转让主体提出转让申请时即启动。基本程序包括：对水权转让的潜在第三方影响进行初始评估，提出应对预案；追踪转让过程，考察水权转让实际引致的第三方影响；对转让结果进行评价，如实评价转让的收益和第三方影响，取得公众和第三方的认可，提出最终评价报告。

3. 利益相关方参与监督的形式

评价机构应将评价报告进行公示，或通过召开听证会的形式，获得利益相关者对评价结果的认可。对于公众或利益相关者有异议的评价结果，应进一步调研后修改完善评价报告，直至无异议。

4. 评价标准

水权转让的第三方影响评价制度应对评价标准作出具体规定，包括对第三方影响的定性和定量准则，以提高评价的效率、权威性、可信度，同时为水权交易审批提供基本依据。若水权转让严重影响第三方利益且无法修复弥补的，应不予批准该交易。

4.6 水权转让第三方利益保护及补偿制度

建立第三方利益保护及补偿制度对于保障水权转让的可持续发展至关重要。当水权转换对第三方产生其不应承受的损失时，应当在第三方影响评价的基础上，对权益受到损害的第三方，在可以通过补偿来消除、减少第三方损害，且第三方愿意在接受相应补偿同意该水权转换的前提下，按照"谁受益、谁补偿"原则，启动第三方利益补偿机制，建立损害发生前、过程中和发生后消除或减少损害的一种制度架构和具体管理程序。

1. 补偿对象

第三方利益受损者通常是水权转让负担外部影响的承受者，有些承受者具备个人或法人等实体形式，但诸如生态环境等公共资源受损主体则经常存在缺位的现象，必须由地方政府以主体代表的身份主张权利。

2. 补偿主体

补偿主体是承担损害责任并进行偿付者，可由受益者依据"受益者付费"原则，直接向受损者进行补偿；或由非受益方，如政府以补贴、转移支付等形式先行救济，进而通过税收或罚没等手段向损害责任主体收取等量费用，间接实现"受益者付费"。此外，中立机构以无偿援助、捐献等形式对受损主体进行补偿也是一种有益的补充，如国外政府或非政府机构的无偿捐献，可直接用于受损严重的生态环境系统修复。

3. 补偿方式

补偿方式规定补偿的形式和方法，如实物补偿、货币补偿、政策补偿等具体形式，以及全额一次清偿、等额分次清偿等方式。补偿双方对补偿方式有异议时，应协商解决，必要时可诉诸法律解决。

4.7　水权管理与定额管理相结合制度

水权转让是建立在明确的水权分配的基础上的，只有产权明晰才能进行交易。目前，我国现行法律法规中只对取水权及其转让有所规定，对用水权利还没有明确的规定。对于宁夏中部干旱带农业用水而言，除取水权利的转让外，还涉及用水权利的转让，这里针对用水权利的转让进行讨论。

1. 用水定额与水权的关系

在宁夏中部干旱带，农户是农业用水权利的拥有者，他们不拥有取水权利，而是拥有根据用水定额享有实际的用水权。因此，用水定额实际上是用水权利的度量，即用水权利的保有水权，而每年根据来水等不同因素而实际分配给农户使用的用水指标，则为用水权利的实际取用水权，只有用水定额未使用的部分才能进行保有水权的转让，而只有年用水指标未使用的部分才能进行实际取用水权的转让。因此，建立水权管理与用水定额管理相结合的制度，加强农业用水定额管理，是宁夏中部干旱带顺利开展水权转让的重要基础。

2. 水权管理和定额管理的方式

宁夏中部干旱带农业用水应实行水权登记与水票制。由相关水行政主管部门制定出农业用水定额，由水权管理单位根据该定额将保有水权分配给各农民用水户，并进行登记，作为用水的权益凭证。每个用水年度开始时，由水权管理单位根据当年来水情况（对于宁夏中部干旱带而言，就是根据当年宁夏分配得到的黄河水量），确定当年的用水指标，即实际用水权，以水票的方式，由农户支付水费后获得。

3. 水权转让中水权管理和定额管理

当进行用水权利的实际取用水权的转让时，农户可通过自行买卖水票的方式完成。当进行用水权利的保有水权转让时，若是农户之间的转让，可由农户自行商定并签订合约后，直接变更水权登记信息，之后水权管理单位按照变更后的水权信息，配置各年用水指标；若是多个农户的规模性水权转让，则应由灌区管理单位和用水户协会将希望转让水权的农户组织在一起，签订水权转让合约的同时变更水权登记信息。在之后配置年度用水指标时，按照新的保有水权进行配置，杜绝农户在水权转让后，使用的水量超出变更后的水权范围。

第 5 章

水 权 转 让 保 障 机 制

水权转让保障机制是从制度层面对水权转让的主、客观条件等进行改进和完善，包括政府监管机制、社会监督机制、民主协商制度等，保障的具体内容包括资金投入保障、组织管理保障、运行管理保障、外围政策保障等。

5.1 政府监管机制

水权转让离不开政府的监管，应建立起从宁夏水利厅到各用水县市的政府层面的监管机制，对水权交易的合法性、规范性、交易中介的资质和行为、交易价格等进行监管，确保用水转换符合可持续发展的要求，保证各方在水权交易市场上的权益。

1. 市场行为监管

市场行为监管主要是对水权交易过程中出现的损害公共利益的行为进行监管。水市场监管机构应依法对下列行为进行禁止、不予审批、惩罚乃至追究法律责任：转让明令不许交易的水权；影响城乡居民生活用水的水权交易；威胁粮食安全和农业稳定发展的水权交易；对生态环境或第三者利益可能造成重大影响的水权交易；向国家限制发展的产业用水户转让水权等。

2. 市场秩序监管

良好的水市场秩序需要通过水权转让监管机构的有效监管来实现，以保障水市场正常、高效运转，维护水权持有者和社会公共利益。水市场相关规则是水市场秩序管理的核心内容，通常包括水市场准入规则、水市场竞争规则、水权交易规则。对于水市场监管机构来说，维护水市场秩序，还需要具备应对违反水市场规则行为的强制措施和控制手段。概括而言，水市场秩序管理的手段包括以下几个方面：一是行政审批，即对于那些不符合水市场规则的水权交易行为不予审批，避免其发生；二是行政处罚，对于那些严重违反市场秩序，侵犯第三方权益或者危害公共利益的，水市场监管部门可以行使行政处罚权，对其进行罚款乃至撤销水权许可证；三是追究法律责任，对于违反水市场相关法律法规，可结合《中华人民共和国民法通则》、《中华人民共和国合同法》、《中华人民共和国公务员法》、《中华人民共和国刑法》等有关规定，追究当事人民事、行政乃至法律责任；四是调节和裁决，当水权交易双方发生纠纷或争议，水市场相关管理机构可组织对争议进行调解，调解不成，可以由政府或者其授权部门进行裁决。

3. 水权转让价格监管

通过政府和市场的双重作用，使得交易价格能够真正反映水资源价值，保障水权交易的公平和公正，促进水市场的健康发展。宁夏中部干旱带水权监管部门和物价管理部门应制定水权转让的指导价格，提出规范水权交易的价格政策；水权交易双方按照政府制定的水权转让指导价格和政策，就水权交易的具体价格达成一致后，交易双方应到水市场监管机构和物价部门进行备案，并接受水市场监管机构和物价部门的审查，支付应该缴纳的费用；政府可以运用税收或者补贴政策间接干预水权转让；同时结合水权交易指导价格，加强对水权转让价格的指导和监管作用。

5.2 社会监督机制

社会监督主要是指社会相关中介组织和公民对水市场的监督，需要社会相关中介组织和公民的积极参与。宁夏水权市场中的中介组织可包括行业协会、水权计量机构、水权价值评估机构等，这类组织的存在将使水权交易更加规范与公正。此外，一种最重要的方式就是充分利用大众媒体，发挥舆论监督作用，广泛开展宣传。

公民对水权市场的监督则应集中于水权的交易及对生态环境的影响方面。为保证公民的参与权，应对水权交易活动进行充分的信息披露，并给予公民在一定期限内向相关水权交易管理部门就特定交易提出异议的权利。

5.3 民主协商制度

水权转让过程是一个利益重新分配和调整的过程，需要当事人之间形成平等、自愿的契约关系，因而是一个利益博弈过程。建立民主协商制度的目的是确保与水权转让有切身利益关系的主体拥有充分表达自身意愿、维护自身权益的机会，体现水权转让应有的公平、公正原则。民主协商应贯穿宁夏中部干旱带水权分配、转让规则制定、转让具体运作的全过程。

1. 协商主体

在宁夏中部干旱带水权转让中，协商主体主要有两类：一类是水权交易双方，他们就交易价格、数量、权利和义务等进行协商，保证交易双方的合法利益；另一类是其他利益相关方，他们通过协商来保障自身合法利益。当然，由于水权交易具有高度的专业性和外部性，政府在水权交易协商中也扮演重要的角色，包括建设信息平台、减少协商过程中的成本、在协商过程中对各方行为进行引导和监管等，水行政主管机构应广泛听取有关各方的意见，从而兼顾不同地区和部门的利益。

在协商主体的组织形式上，应以地方政府及其代理机构、企业、代表用水户利益的用水户协会或社区、集体组织等为协商主体，从而建立起一种组织成本较低的协商机制。

2. 价格协商制度

用水转让价格是交易双方达成的一个协议价格，不能由单方面决定，而必须由用水转让交易的双方进行协商。交易双方根据各自的成本核算，都希望通过用水转让获取最大的利益，这时交易双方就会提出各自的期望价格，由于出让方与受让方的期望价格不一致，就必须进行协商，通过磋商达到一个能够被双方所接受的价格平衡点，即协议价格。因此，必须建立起价格协商机制，防止出现水权出让方或水权受让方单方面决定水权转换价格，出现哄抬价格或者恶意压价等违背市场规律的情况。

特别是在宁夏中部干旱带，水权转让方大多为农业灌溉用水者，这些水权拥有者众多，有时候完成一次水权转让，就要由多个水权拥有者共同组成水权出让方，水权转换价格需要获得全部水权拥有者的同意，因此，在宁夏中部干旱带构建价格协商机制显得尤为重要，应设计合理的水权转换价格协商的形式、流程，确保每一位出让水权的农民用水户的合法权益都能得到重视，有所保障。

建议由用水户协会等自发的农民用水合作组织等出面，先在全部出让水权的农民用水户之间进行协商，明确可接受的水权出让价格区间后，再由用水户协会作为出让水权的农民用水户的代表，与水权受让方进行价格商谈，在达成水权转换价格基本意向时，要最后一次征求全体出让水权的农民用水户的意见和建议，完成最后一次价格协商。

3. 利益相关协商制度

为确保水权转让的顺利进行，正确处理水权转让引发的第三方影响，有必要在受影响的第三方与水权转让主体间建立适当的协商机制，本着公平合理、互谅互让的原则就处理水权转让引发的第三方影响进行协商，这在我国法律诉讼程序繁冗的现状下颇具现实意义。它为受影响的第三方维护自身合法利益提供了一条有效的途径，同时为水权转让的顺利实施创造了机会。

5.4　水权转让保障及责任部门

开展水权转换成功的关键是各项节水措施能够有效落实，节水量目标能够实现。在这一过程中，存在一系列的风险可能导致目的无法达到，比如节水设施未建成或不达标、运行管理水平达不到要求和运行费用短缺使节水工程无法有效运行、节水意识差导致各项节水措施无法充分落实等。为此，需要提出水权转让实施的保障条件和相应的责任部门，便于建立利益相关者责任机制和协调机制，从而保障水权转让能够顺利实施。

1. 资金投入保障

宁夏各级政府及水行政主管部门应切实发挥主导作用，加大投入力度并促进各类资金统筹使用，满足节水工程建设需要。尤其是要用好高效节水补灌项目资金投入，用好节水型社会建设、大中型灌区节水改造等各类资金渠道，切实加大节水设施投入力度。一方面对原有的水利工程（主要是渠道工程）加强更新改造，减少漏损，提高输水效率；另一方面加大田间节水工程建设，确保各项节水工程设施到位。

2. 组织管理保障

宁夏各级水行政主管部门作为实施水权转让的主要责任部门，要提供好实施水权转让的各项组织管理保障条件：

（1）切实加强用水定额管理。考虑适宜的节水灌溉方式，从严确定灌溉定额，且保证每年适当缩减灌溉定额。在此基础上，大力加强用水计量管理，做到公平和透明，保证每年购买的水量不得超过用水定额，超用水必须重新购买水量。各级水行政主管部门是加强用水定额管理的主要责任部门，应以落实最严格水资源管理制度为契机，全面加强宁夏中部干旱带用水定额管理，要在灌区各县市严格加强考核，落实节水目标。

（2）改善各级水管单位运行管理水平，提高各级水利工程运行管理单位节水工作意识，通过组织培训学习、引进专业人才来保障节水工作的人员技术条件。

（3）加强基层用水组织建设，完善管理制度和规范，从而有效改善渠道末端管理，落实好各项节水措施。

3. 运行管理保障

由于当前主管部门对于补灌工程如何管、采用怎样的管理模式认识不统一，补灌工程运行管理存在管理主体不明确，管理责任不明晰；补灌工程的定性不明，没有稳定的养护资金来源，运行维护经费缺乏保障；补灌工程良性运行的水价机制没有形成等问题。各级水行政主管部门需尽快明确宁夏中部干旱带节水补灌区的工程运行管理责任，确定运行管理主体，结合实际运行方式创新灵活多样的运行管理模式和机制，保证节水设施长效利用。鉴于补灌工程的相关利益者很多，包括政府、扬水管理处、水务局、水投公司、农民用水户协会、种植大户、散户农民，应当建立延伸区补灌工程用水户参与式管理体制，让用水户参与补灌工程运行管理各环节，包括工程供水的水费收缴、工程管理与运行维护以及整个供水系统的监测、评估，并实现部分工程资产及管护责任向用水户转移，形成"政府引导、市场化运作、利益相关者参与"的工程运行机制，充分调动用水户自觉维护工程、保持其良好运行状况的积极性和主动性。

实现规模化运营的由运营者自主负责，可由财政适当予以一部分补助。仍为农户单一经营的，要由当地扬黄灌溉管理所和基层用水组织将管理责任担负起来，同时争取上级财政的支持，由财政负担节水工程运行维护费。积极探索节水工作与水权转换收益挂钩的机制。对于农民开展田间节水，从水权转换收益（农业用水向工业用水转化实现的价值提升）中分出一部分给农民，用于节水的日常成本，并奖励农民对于节水的辛勤工作，从而激励引导农民积极参与到水权转让工作中。

4. 外围政策保障

农业部门应与水利部门联合行动，从本地区经济社会发展实际出发，确定农业发展方向的基本政策，积极开展种植结构调整，减少高耗水作物，采取农艺措施节水，促进节水目标实现。

国土部门应按照农业农村现代化和适度规模发展方向要求，推动土地流转，为节水设施的更合理布局创造条件。

第6章

水权转让中的利益保护机制

随着经济社会的快速发展，宁夏扬黄灌区不同行业的水量分配格局势必会发生变化，工业、城乡生活和生态用水的增加导致农业用水所占比例减小。在宁夏中部干旱带，农业发展明显滞后于工业和服务业，亟须政府从宏观调控的角度大力推动农业的可持续发展。一直以来，农民是社会的弱势群体，在水权转让中确保其权益不受损害是水权转让顺利推进的关键。宁夏中部干旱带生态环境脆弱，水资源在维持生态系统健康和良好生态环境方面发挥着关键作用，水权转让的一个重要前提是区域生态环境不会恶化。实施水量分配及水权转让，必须构建科学、合理和有效的农业、农民权益和生态环境保护制度，引入水权转换第三方影响评估制度，建立针对农民的水权转换补偿制度，确保水权转换各利益相关方的合法权益不受损害。

6.1 水权转让的影响

实施水权转让，必须明晰水权转让对水权出让方和受让方的影响，为构建农业、农民和生态环境利益保护制度提供依据。

6.1.1 对农业的影响

宁夏中部干旱带扬黄灌区水权转让是以压减农业用水量为前提的。各扬黄灌区农业节水潜力的实现依托于完善的农田水利基础设施、科学合理的种植结构、先进适用的节水技术和高效的灌溉管理方式等，在水权转让过程中这些条件的实现与否以及完善程度直接关系灌区农业的发展前景。水权转让对扬黄灌区农业造成的影响主要体现在以下几方面。

1. 农业用水总量减少，提高农业用水效率的压力增大，给区域农业发展带来很大挑战

随着灌区经济社会的发展，工业和城乡生活用水增加，农业用水总量减少，要扩大节水补灌面积就必须提高农业用水效率。当前，各扬黄灌区农业用

水管理粗放，大水漫灌现象普遍存在，高耗水作物（如玉米）的种植比例过高等，对农业用水效率的提高产生了制约。而农业灌溉技术的改进、农业用水管理水平的提高或者作物种植结构的调整，都需要加大资金投入、加快科技示范的带动作用，这需要较长的时间才能实现。水权转让后，农业用水总量急减，但提高农业用水效率的配套设施难以一步到位，这给区域农业的发展带来很大挑战，即如何在农业用水总量减少的情况下，既保障水量出让方农业的经济效益，又满足水量受让方用水需求，扩大补灌面积。

2. 对加快农业种植结构调整提出更高要求，需兼顾粮食总产和经济高效，提高区域农业的总体效益

在宁夏中部干旱带四大扬黄灌区，普遍存在着高耗水粮食作物——玉米种植面积过大的情况，玉米的种植比例通常达 40％以上，而一些低耗水的经济林果种植比例偏小，造成该地区农业的总体效益不高。对扬黄灌区的节水潜力分析表明，减小玉米作物的种植比例，适当提高符合该地区气候特点的西瓜、枸杞、油葵和马铃薯等瓜果类经济作物种植比例，大力发展设施农业和特色农业，不仅可以减少农业用水总量，提高用水效率，满足扬黄补灌区未来的用水需求，而且可以优化农业收入结构，增加农民收入，带动区域农业总体效益提升。农业种植结构的调整，一方面会造成农业生产成本的变化，另一方面农户劳动力的需求也会发生变化。在宁夏中部干旱带，没有地方政府的积极推动，不建立完善配套的激励和补贴制度，农民就缺乏农业种植结构调整的外在推力和内在动力。因此，在区域用水总量控制条件下，必须科学规划设施农业和特色农业的发展规模，确保小麦和玉米等粮食作物一定的种植比例，确保该地区基本的粮食产量满足自给需要。

3. 拓展了农田水利基础设施建设资金投入的筹措渠道，减轻了农田水利建设投入不足的压力

宁夏中部干旱带工业基础薄弱，社会经济发展滞后，地方财政基本属于"吃饭财政"，中央和省级统筹经费难以满足实际需要，水利发展面临的民生问题尤为突出，主要表现在农田水利基础设施建设严重滞后于农业生产实践需要。推动开展水权转让工作，通过建立公平合理的农业和农民权益保护制度、水权转让补偿制度，可以利用水权转让受水方提供的补偿经费或农田水利建设项目支持，开辟该地区特殊水情下的水利投入新机制，推动区域农田水利基础设施建设的大发展。水权转让往往具有一定的长期性，因此这种水利投入机制具有较好的长期稳定性，非常有利于宁夏中部干旱带这类经济欠发达地区农田水利事业的长远发展。

6.1.2　对农民的影响

在宁夏中部干旱带四大扬黄灌区，农业水权转让对农民的影响是通过农业生产过程产生的，具体表现在以下两方面。

1. 农民的农业生产行为和收入结构发生变化

宁夏中部干旱带各灌区开展农业水权转让后，不同灌区的种植结构会发生变化，粮食作物的种植比例大幅下调，瓜果类经济作物种植面积扩大，设施农业和特色农业的规模提升，这会造成农民的农业生产行为发生变化。例如，玉米这一高耗水粮食作物的农业生产管理简单粗放，除灌溉和施肥管理外不需要过多的人力成本投入，而设施农业和特色农业属于集约农业，所需要的农业生产管理更为精细，从温室大棚的建造、维护和管理（晾晒、通风、保温操作）到种植作物的日常集约管理（翻耕、播种、施肥、灌水、喷药、修剪、采摘），人工劳动的频度和强度比粮食作物大大提高，需要投入的人力成本呈倍数增加。特别地，设施农业和特色农业的季节性差异不明显，秋冬季节也可以在温室大棚种植部分经济作物，因此农村富余劳动力可以更多参与农业生产活动中创造更高的经济效益，有助于解决农村劳动力过剩问题。

在农民的收入结构方面，纯粮食作物的经济收入将不再是农户的唯一经济收入来源，各种设施农业和特色农业的较高经济收益是农户的重要经济来源。以种植枸杞和玉米为例，枸杞的亩均效益为玉米的 2～4 倍，但枸杞的耗水量远小于玉米的耗水量。

2. 农民生产生活所享有的生态环境发生变化

宁夏中部干旱带四大扬黄灌区普遍存在灌溉管理粗放问题，农田大水漫灌现象突出，大量的灌溉水通过尾水和渗漏的形式进入沟渠河道或地下水。从流域水循环的角度讲，这部分水量并非无效水，灌区较好的生态环境，包括田间渠系河道生态系统和村庄内河道生态系统的维持有赖于这部分水量，这是扬黄灌区农民所享有的农业用水的生态效益。当部分农业用水转换为灌区外农业、工业和城市生活用水后，渠系采用防渗衬砌措施，不同作物实行限额灌溉，农业种植结构发生变化，农业总用水量减少，因此农业用水直接转换为生态环境用水的量大幅减少，农民生产生活所享有的生态环境将发生恶化的趋势，农民所享受的这部分生态效益会受到影响。

6.1.3　对生态环境的影响

宁夏中部干旱带降水量和地下水可利用量少，区域生态环境脆弱，引扬黄水量通过输水渠系和农业灌溉补给地下水，这部分水量很大程度上维持了当前的区域生态环境。扬黄灌区实施水权转让后,生态环境将会发生以下变化。

1. 灌区地下水位下降,影响农业灌溉和生活取用水

扬黄灌区实施水权转让后,灌区输水渠系普遍采用衬砌或硬化措施以减少沟渠渗漏量;同时水权出让方通过发展农业节水和加强用水管理减少耕地的灌水定额,造成通过田间灌溉补充地下水的量大幅减少。这两方面因素综合作用造成灌区地下水补给来源的削减,灌区地下水位会出现下降趋势。灌区地下水位下降反过来影响农业灌溉和生活取用水。灌区干旱的气候条件造成作物耗水量大,因为地下水位下降,同等气候条件下灌区田间土壤墒情条件恶化,需要的灌溉次数和水量增加。另外,灌区城乡生活用水大多取自地下水,地下水位下降增加了取水难度和取水成本。

2. 灌区生态系统结构发生改变,所具备的生态服务功能弱化

灌区生态用水主要来源于部分农业灌溉用水的转换。四大扬黄灌区实施水权转让后农业用水总量减少,转换为生态用水的量也大幅减少。这将进一步造成灌区生态系统结构退化、物种减少、功能弱化单一,所能够提供的生态服务呈减少趋势。

6.2　水权转让的保护制度设计

农业是弱势的基础产业,农民向来是弱势群体,宁夏中部干旱带生态环境脆弱。在该地区推行农业水权转让,必须建立农业、农民权益和生态环境保护制度,不仅有助于获得农民的支持,推动用水转换工作顺利开展,而且有助于防止因水致贫返贫现象的发生,有助于区域生态环境的维持。科学合理的农业、农民权益和生态环境保护制度包括 3 个方面:基本农田用水保障制度、农民用水权益保护制度和区域生态环境保护制度。

6.2.1　设计原则

1. 坚持公平公正和充分协商的原则

宁夏中部干旱带扬黄灌区用水转换利益相关方众多,要确保水权转让工作顺利推进,就必须坚持公平公正和充分协商的原则,建立各利益相关方共同协商的平台,通畅各利益相关方的利益诉求渠道,通过反复协商达到利益平衡点。

2. 坚持因地制宜的原则

宁夏中部干旱带四大扬黄灌区水资源条件和经济社会发展水平各不相同,水价的形成机制及涉水利益相关方也存在差异,必须坚持因地制宜的原则,合

理界定不同灌区水权转让出让方和受让方的利益边界，使制度的设计更加科学、合理，增强可操作性。

3. 坚持政府调控与市场机制相结合的原则

一方面，要充分发挥政府的调控作用，加强监督监管和制度建设，防止在水权转让中出现农业、农民利益受损和生态环境恶化的现象；另一方面，要建立完善水权交易的市场机制，充分发挥市场的作用，提高市场的配置效率。

4. 坚持创新机制和制度的原则

宁夏中部干旱带四大扬黄灌区具有独特的水情条件，且水权转让利益相关方众多，在水权转让的制度设计中必须坚持创新原则，大胆突破，科学设计出适应区域特色的农业、农民权益和生态环境保护制度。

6.2.2 基本农田用水保障制度

基本农田用水保障制度建设的主要目的是在区域水权转让和农业用水转换中保障基本农田用水，防止因农业用水被过量转换或水质下降或渠系输水无法保障，对灌区农业的可持续发展造成不利影响。基本农田用水保障制度体系由以下管理制度构成。

1. 农业用水转换量可行性论证管理制度

建立该制度的目的是保障扬黄灌区基本农田用水量。宁夏中部干旱带各扬黄灌区内农业用水既要保障基本农田的作物耗水，同时也要兼顾生态环境用水。基本农田用水量确定的主要依据是灌区内作物种植结构、面积以及不同作物的灌溉定额。不同年份灌区种植结构不同，基本农田用水量也会发生变化，因此农业用水量的确定必须预留一定水量，满足灌区内不同年份种植结构调整以及灌溉面积扩大的用水需求。农业用水转换量可行性论证管理制度主要提出相应的可行性论证方法和管理细则，包括农业用水转换论证机构的资质管理、论证方法、相关注意事项等。

2. 水权转让的水质管理制度

建立该制度的目的是保障农业灌溉用水水质不因水权转让而下降。在宁夏中部干旱带四大扬黄灌区的水权转让中，农业用水向工业、城市生活用水转换后，工业企业可以在此基础上扩大再生产，在企业节水配套设施和污水处理设施不完善的情况下，大量用水必然会造成大排放和大污染，反过来导致农业灌溉用水水质下降。为防止扬黄灌区发生水质恶化问题，该管理制度明确要求把受水方水质控制和水权转让审查直接挂钩，制定农业用水水权转让中受水方的污水排放标准（针对企业和城市生活排污）、水质监管办法，明确监管主体，细化污染事故的责任划分和认定，制定相关罚则。

3. 基本农田灌溉系统管理制度

建立该制度的目的是加强对扬黄灌区水权转让出让方（扬黄老灌区）基本农田水利设施的管理养护，建立长效运行管理机制。在扬黄老灌区，建设完善基本农田水利基础设施，包括干、支、斗、农、毛五级输水渠系、路桥涵洞和闸门的建设等，大力推广田间高效节水灌溉技术和设备，加强灌溉管理组织建设，都需要通过制度建设来推动。该制度的内容包括基本农田水利设施的覆盖范围设定、规模、建设标准、投融资机制、日常运行管理模式、养护机制、田间节水技术推广经费保障、灌溉管理组织建设和运行经费保障等。

4. 农业用水水权转让审查管理制度

建立该制度的目的是加强对农业用水水权转让的审查管理，规范水权转让秩序，完善水市场。农业用水水权转让事关宁夏中部干旱带扬黄灌区农业水资源的可持续利用和农业的可持续发展，必须慎之又慎，要统筹处理好扬黄老灌区和延伸补灌区农业、工业和城市生活用水的关系。该制度需明确水权转让申请人（一般为法人）所应具备的基本条件、申请程序、申请步骤、审查机构、审查程序（包括水权转让双方申请人资格审查、转换水量和受水方水质及基本农田用水输水渠系管理制度建设情况审查、审查结果公示、备案以及审批单下发）。

6.2.3 农民用水权益保护制度

农民用水权益保护制度建设的目的是在宁夏中部干旱带扬黄灌区农业用水转换中保护农民的权益不受损害。具体来讲，包括以下几个方面。

1. 农业水权转让的听证管理和公示制度

该制度建设的目的是保障宁夏中部干旱带扬黄灌区公众对农业用水转换的知情权，反映和表达自己的利益诉求，参与用水转换决策。农业用水转换涉及众多农户的权益，需要通过听证会的形式，让农户代表参与到水权转让的各个环节，力争决策公开透明。听证管理制度内容包括农业水权转让听证的原则、内容、方式和程序、参与渠道、参与形式、听证结果的有效性。公示制度内容包括公示原则、公示内容、公示范围、公示方式、公示时间、对公众反馈意见的处理方式和时效。

2. 农业用水水权转让的后期影响评估制度

建立该制度的目的是从更长时间跨度上评估农业用水转让对农民造成的影响，为农民利益补偿提供依据。在扬黄灌区，河道沟渠生态系统和地下水位的维持都与农业用水量直接相关，农业用水量减少所造成的影响是长期的。后期影响评估制度内容包括评估原则、评估对象、评估机构选取、评估内容、评估方法、评估程序、评估结果与补偿制度的衔接办法。

6.2.4 区域生态环境保护制度

区域生态环境保护制度建设的目的是从制度上保障基本的生态环境用水，减少水权转让对区域生态环境的不利影响。区域生态环境保护制度由以下几项构成。

1. 区域生态环境影响的专业评估制度

宁夏中部干旱带区域生态环境脆弱，为防止水权转让造成水量出让方生态环境恶化，建立专业评估制度，客观、公正地评估水权转让对区域生态环境的影响很有必要。水权转让对区域生态环境的影响是一个长期的过程，普通公众因为缺乏专业知识和技能，难以对其进行准确的量化和评估，必须借助专业评估机构才能进行更为全面、准确的评估。专业评估制度内容包括评估主体和评估对象的确定、评估机构的资质要求、评估结果的公示等。

2. 区域生态环境影响对水权转让的"一票否决"制度

建立该制度是为了最大程度地保障四大扬黄灌区的生态环境用水，降低水权转让对区域生态环境的不利影响。该制度的核心是根据区域生态环境影响的专业评估结果，研判水权转让对区域生态环境的影响程度，对于可能造成区域生态环境严重恶化的水权转让，直接实行否决；对于影响区域生态环境但通过综合举措能够降低不利影响到可接受程度以上的，实行严格的监管机制。该制度的内容包括水权转让对区域生态环境影响程度的分级、一票否决机制的具体内容和程序、严格监管机制的具体内容和程序。

3. 区域生态环境影响的利益补偿制度

建立该制度的目的是对水权转让所造成的区域生态环境恶化采取相应的补偿措施，降低生态环境恶化的不利影响。通过补偿，区域生态环境的补偿对象可以采取各项综合措施改善生态环境，尽量降低水权转让的不利影响。该制度的内容包括补偿主体和补偿对象确定、补偿依据、补偿额计算、补偿方式和渠道。

6.3 水权转让第三方影响评估机制设计

在宁夏中部干旱带扬黄灌区，水权转让除了和水量出让方、受水方直接相关外，还牵涉利益相关的第三方。为客观、全面地评估水权转让的影响，推动水权转让顺利进行，需针对利益相关第三方建立评估制度，并根据评估结果采取相应的保护或补偿措施。结合区域条件，该地区水权转让第三方影响评估制度设置两种运作机制。

6.3.1　自主调处机制

四大扬黄灌区水权转让类型多样，为提高效率，对于较小范围内或少量的用水权转让，可不通过专业评估机构，鼓励全部涉水利益相关方通过协商一致的方式签订水权转让协议。一般认为县域范围以下（县、乡镇）的水权转让第三方影响评估可以通过自主调处机制进行。地方人民政府负责对水权转让协议文件进行审查，主要审查用水转换量、水权转让主体双方权责利、水量出让区和受让区范围划定、水量出让区农业利益和农民权益保障状况、水量受让区用水规划、第三方影响评估结果、水量转换对灌区生态环境的影响、协议文件的法律效力。地方人民政府水行政主管部门负责对水权转让第三方影响评估工作进行监管和备案。水权转让第三方影响评估的自主调处机制如图 6-1 所示。

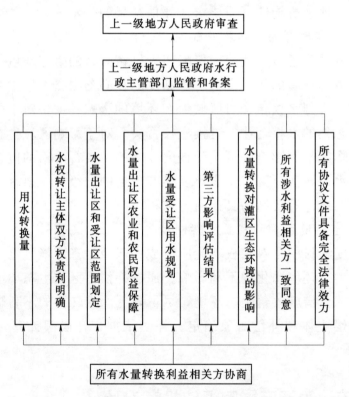

图 6-1　水权转让第三方影响评估的自主调处机制

6.3.2　专业机构评估机制

对于水量转换量大、涉及范围广、涉水利益相关方难以达成一致协议的水权转让，可在上一级地方政府和水行政主管部门的监督管理下聘请专业评估机构，对水量转换第三方影响进行评估，并把评估结果作为签订水量转换协议的依据。专业机构评估机制主要包括审查和监管主体确定、评估机构选取、评估程序规范、评估结果处理。水权转让第三方影响的专业机构评估机制如图6-2所示。

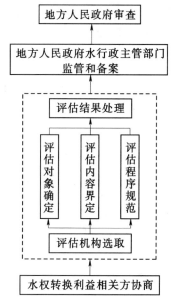

图6-2　水权转让第三方影响的专业机构评估机制

1. 审查和监管主体的确定

在水权转让第三方影响评估机制中，审查主体是上一级地方人民政府，主要负责水权转让第三方影响评估工作的指导。各扬黄灌区之间的水权转让审查主体是自治区人民政府，扬黄灌区内的水权转让审查主体是市或县级人民政府。监管主体是上一级地方人民政府的水行政主管部门，主要负责水权转让第三方影响评估工作的规范管理。四大扬黄灌区之间的水权转让监管主体是自治区水利厅，扬黄灌区内的水权转让监管主体是市或县级水利局。

2. 评估机构的选取

评估机构的选取直接影响水权转让第三方影响评估结果。选择客观中立、业务水平高、信誉好、经验丰富的评估机构至关重要。评估机构的遴选途径有以下几种：

（1）通过公开招标或水权转让地方政府主管部门通过公开遴选、听证表决和公示产生专业评估机构。

（2）采取各利益相关方推荐的方式，由利益相关方代表组成评议团，根据评估机构的社会信誉、业绩、投标文件的客观公正程度，统一打分评判，对所有评估机构进行排名遴选，并建立评估机构库，以供后用。

（3）以扬黄灌区为单元，所有涉水利益相关方推荐代表构成评估组织。共设置4个评估组织。在需要进行评估时，根据异地评估的原则，不同灌区之间交错使用评估组织以保证评估结果的公正、可靠和可信。

3. 评估程序的规范

统一规范水权转让第三方影响评估的程序有利于维护评估结果的客观公正性、合法性和权威性。评估程序规定了评估机构应当搜集的评估材料（包括政府下发文件资料、输水工程规划图件、渠系水量变化数据、基本农田用水量数据、企业取水设施改造必要性说明等）、评估机构划定的评估对象、评估内容和评估结果。所有评估材料都应提交给水权转让各利益相关方以得到签字认可，各利益相关方有举证自己权益是否受损的权利并提供相关证据的义务。

4. 评估结果的处理

对水权转让第三方影响评估的目的是明晰水权转让对各利益相关方的影响，为权益损害补偿提供依据。在水权转让第三方影响评估制度中要建立评估结果和补偿制度衔接的机制。评估结果的处理包括公示、生效、与补偿制度衔接的程序等。

6.4　水权转让补偿制度设计

水权转让补偿制度主要明确以下问题：补偿的条件是什么？补偿费用的承担者和补偿对象是谁？补偿的原则是什么？补偿方式和渠道有哪些？补偿额如何确定？等等。

6.4.1　补偿条件

实施水权转让补偿需要满足以下条件：

（1）水权转让对利益相关方将造成或已造成实质性的用水权益损害。水权转让只有对利益相关者的用水权益产生了实质性损害，才需要水权转让受水方承担补偿责任。

（2）用水权益受损方的用水为合法用水。只有合乎法律规定依法取水、用水的用水户享有受保护的用水权益，因水权转让受到损害的用水权益才能得到补偿。扬黄灌区内用水企业如果没有合法的取水权和用水权，即便企业的取水量因水权转让受到影响，也不能获得用水权益补偿。

（3）所有利益相关方一致认可对相关方用水权益损害的评估。在实施补偿前，所有涉水利益相关方可通过协商的方式确定用水权益受损害程度，也可聘请专业评估机构对用水权益受损程度进行客观评估。

6.4.2　补偿费用的承担者、来源渠道与补偿对象

一般来讲，水权转让的补偿对象是指因水权转让导致用水权益遭受损害的一方；补偿费用的承担者是指因水权转让获得收益的一方。在宁夏中部干旱带各扬黄灌区，不同类型的水权转让利益相关方众多，水权转让补偿费用的承担者和补偿对象也各不相同。

1. 补偿费用的承担者及来源渠道

根据宁夏中部干旱带四大扬黄灌区的水权转让实际，确定补偿费用的承担者包括以下四类。

（1）受水方工业企业。对于农业用水向工业用水转换，工业企业作为受水方，是补偿费用的承担者。通过水权转让，工业企业获得更多的取水权用于扩大生产规模，扩大企业的规模效益。对工业企业来说，补偿费用可以从企业的经营性支出、基础建设经费或企业利润中列支。

（2）受水方城市供水企业。对于农业用水向城市生活用水转换，城市供水企业作为受水方是补偿费用的承担者。通过水权转让，供水企业供水能力会得到提高，用水户数量增加，供水成本减小，供水效益增加。城市供水企业的补偿费用可以从企业的经营性支出、基础建设经费或企业利润中列支。

（3）受水方地方人民政府。对于农业用水向生态环境用水转换，生态环境用水的责任主体是受水方地方人民政府，因此补偿费用的承担者是受水方地方人民政府。通过水权转让，受水方生态环境用水增加，城乡居民的生活环境得到改善，受水方地方人民政府应当承担一定的补偿责任。地方人民政府可通过财政转移支付，或从水利专项经费或年度预算中列支补偿经费。

（4）受水方用水农户。对于灌区内外农业用水之间的转换，补偿费用的承担者是受让方用水农户，受让方水行政主管部门是责任主体。作为用水转换受让方，即四大扬黄灌区延伸补灌区，农民因为获得更多的农业用水使得农业灌溉面积扩大，产出大幅提高，经济收入增加。受水方用水农户承担的补偿经费可从缴纳的水费中专门列支，或由地方政府拨付专门经费代为垫付。

2. 补偿对象

宁夏中部干旱带四大扬黄灌区的水权转让都是农业用水向其他行业用水转换，补偿对象包括以下四类。

（1）水权出让方用水农户。不论是哪种类型的用水转换，水权转让中的水量全部来自出让方灌区农业高效节约用水产生的盈余。在水权转让中，水量出让方用水总量减少，农民的生产和生活用水受到影响，用水农户应当得到一定的补偿。此外，通过补偿的形式可以充分肯定农民的节水行为，激发农民节约用水积极性和内生动力。

（2）水权出让方扬黄管理处。扬黄管理处属自治区水利厅直属差额拨款事业单位（注：目前刚转变为全额拨款事业单位），部分经营性收入来源于灌区征收的水费。长期以来，宁夏水利厅对扬黄管理处的事业性经费支持不够，扬黄灌区渠系建设和维修欠账较多，再加上扬黄管理处离退休人员工资支出较大，扬黄管理处维持正常运转的经费存在缺口。在水权转让中，出让方灌区内用水量减少，扬黄管理处收入减少，对这部分减少的收益需要进行补偿以维持扬黄管理处的正常运转。

（3）水权出让方扬黄管理所。扬黄管理所属扬黄灌区地方水务局外派机构，部分经费来源于扬黄灌区水费收入，渠系输水量的多少直接影响扬黄管理所的收入水平。水权转让后，扬黄管理所所辖灌区内用水量减少，收入水平降低，因此需要进行补偿。

（4）水权出让方用水企业。引扬黄渠系输水量减少或输水渠系改道造成用水企业取水成本增加，这部分增加的成本应当在水权转让中得到补偿。

6.4.3　补偿原则

1. 公平公正原则

无论是给予补偿的一方还是接受补偿的一方，都必须坚持公平公正原则。补偿额的确定需要涉水利益相关方一致同意或者根据专业评估机构评估结果确定。

2. 多方协商原则

协商是实施补偿的必要环节，包括对补偿额和补偿方式的协商。在水权转让中，只有所有涉水利益相关方经过充分协商并一致同意补偿方案，水权转让工作才能顺利推进。

3. 强化政府监管原则

水权转让涉及利益相关方众多，不论是第三方影响的自主调处机制还是专业机构评估机制，都需要政府加强监督管理，确保水权转让相关补偿措施落到实处。

6.4.4　补偿方式

水权转让补偿的方式多种多样，既可以实行现金补偿，也可以实行实物补偿、工程补偿或补贴减免水费等形式。

1. 现金补偿

现金补偿区分为两类：一类是直接以现金的形式发放到各补偿对象；另一类是通过工程建设或维修费的形式拨付到补偿对象（如扬黄管理处），支持补偿对象开展水利工程建设和养护。

2. 实物补偿

针对宁夏中部干旱带扬黄灌区的农业特点，补偿经费可折算成农业生产物资的形式，如种子、肥料、灌溉设备等，发放给补偿对象。实物补偿的形式和类别需补偿费用承担方和补偿对象协商同意。

3. 工程补偿

考虑到各扬黄老灌区多数农户为补偿对象，补偿费用承担者可以采用兴建农田水利工程，利用工程建设费用抵消对补偿对象的补偿。

4. 补贴减免水费

在宁夏中部干旱带各扬黄灌区，农民需根据灌溉面积缴纳水费，补偿可以通过对补偿对象进行等额的水费补贴或减免来完成。

5. 项目补偿

该补偿形式要求通过多种样式的支持手段，从项目立项、审批上对补偿对象加以重点考虑，给予适当的政策倾斜，弥补补偿对象在水权转让中所受到的权益损害。该补偿形式主要针对扬黄管理处、地方人民政府和扬黄管理所。

6.4.5 补偿额的确定

在水权转让中，对补偿对象的补偿额确定是各利益相关方关注的焦点。补偿额太低，出让方难以接受；补偿额太高，受水方难以承受。因地制宜制定合理的补偿额确定方法是实施水权转让的关键。一般来讲，对扬黄管理处（所）的补偿额确定比较简单，根据灌区干、支干和支渠口计量水设备的观测数据可以计算灌区总用水量，对比水权转让前后总用水量的变化，乘以一定的补偿系数就可以确定补偿额度。对用水企业的补偿，根据水权转让前后企业取水成本变化可确定相应的补偿额。水权转让中补偿额确定的难点是对用水农户的补偿，一方面用水农户数量巨大，分布范围广；另一方面影响农户补偿的因素众多，并且多数因素是动态变化的。下面主要针对水权转让出让方用水农户的补偿额确定开展分析。

1. 补偿额确定的影响因素

（1）自然因素。其主要指水权转让出让方年度降水情况。在丰水年份，降雨丰沛，农业生产因水权转让所受到的影响小，农民所遭受的收入损失小；在枯水年份，降水稀少，灌区来水难以满足农业生产灌溉需求，农民用水户因用水转换遭受的损失更大。

（2）农作物种植结构及面积。不同作物的需水量不同，在干旱年份因缺水而导致作物减产的幅度也不一样，需水量小的作物（如油葵、枸杞）减产幅度要小一些；需水量大的作物（玉米）减产幅度要大一些。一定规模土地面积上的作物种植结构不同，因缺水而导致的作物净产值减少幅度也不同。

（3）农产品的市场行情。不同年份农产品的市场交易价格不同，相同减产幅度下农民遭受的经济损失也不同。在作物减产幅度一定的情况下，农产品市场交易价格较高，农民所遭受的损失就大一些；农产品市场交易价格较低，农民所遭受的损失就小一些。

2. 补偿额的测算依据

（1）相关规章和政策性文件。包括水利部颁布的《水利部关于水权转让的若干意见》（水政法〔2005〕11 号）和《水利部关于内蒙古宁夏黄河干流水权转换试点工作的指导意见》（水资源〔2004〕159 号）。

（2）农户的耕地面积、作物种植结构和产量。不同作物由于用水转换而造成的产量损失不同，结合种植结构和种植面积，可计算农户因水权转让所造成的产量损失。

（3）同一地区未受用水转换影响的同类作物产量。为使测算结果更科学和符合实际，在估算某种作物因用水转换造成的产量损失时，需以同一地区未受用水转换影响的同类作物产量为基准进行测算。

（4）补偿地区的物价水平。不同区域不同年份同一农产品的物价水平不同，在进行补偿额的测算时需把物价水平考虑进去。

3. 补偿额的测算方法

（1）单个农户水权转让补偿额测算的基本思路：

1）根据农业水权转让中受影响的某一作物产量数据，参考同一地区同种作物没有用水限制条件下的正常产量，测算农业水权转让后该作物的减产量。

2）消除其他非用水因素的影响，测算由于水权转让影响而导致该作物的减产量。

3）根据物价水平测算该作物的产值减少量。

4）根据该农户的作物种植结构和面积，测算该农户因水权转让而导致的不同作物产值综合减少量，也就是该农户因水权转让而造成的损失。

上述测算结果就是该农户在水权转让中的补偿额。

（2）具体测算公式：

$$V = \sum_{i=1}^{n} (C_{0i} - C_i) \varphi_i A_i P_i$$

式中　V——水权转让出让方单个农户在水权转让中应得的补偿额；

　　　i——该地区农户种植的第 i 种作物，$i=1, \cdots, n$；

　　C_{0i}——该地区第 i 种作物的正常产量；

　　　C_i——该地区第 i 种作物在水权转让影响下的单位面积产量；

　　　φ_i——该地区第 i 种作物水量转换影响系数，表示水权转让对第 i 种作物产量减少的贡献程度，变化范围为 0～1，其精确值由水权转让利益相关方协商确定；

　　　A_i——农户种植第 i 种作物的面积；

　　　P_i——该地区第 i 种作物的市场交易价格。

4. 水权转让出让方农户补偿额计算实例

（1）农户农业生产状况。农民王大生是宁夏固原市同心县的一名农民，属于固海灌区水权转让出让方，家里现有耕地 12 亩，分别种植玉米 6 亩、油葵 4 亩、西瓜 2 亩，在水权转让前正常年份玉米产量 500kg/亩，油葵 350kg/亩，西瓜 4000kg/亩。实施水权转让后，作物产量受到影响，正常年份玉米产量 460kg/亩，油葵 330kg/亩，西瓜 3800kg/亩。同心县玉米的市场价为 2.0 元/kg，油葵 5.6 元/kg，西瓜 1.8 元/kg。

在同心县实施农业用水水权转让中，经各利益相关方一致同意，该地区玉米的作物水量转换影响系数为 0.9，油葵的作物水量转换影响系数为 0.7，西瓜的作物水量转换影响系数为 0.7。

（2）农民王大生在水权转让中应该获得补偿额的计算过程如下：

1）计算用水转让后玉米的减产量，$C_{01} - C_1 = 500 - 460 = 40$（kg/亩）。

2）测算由于水权转让影响而导致玉米的减产量，$(C_{01} - C_1) \times \varphi_1 = 40 \times 0.9 = 36$（kg/亩）。

3）测算水权转让导致玉米亩均产值减少量 $(C_{01} - C_1) \times \varphi_1 P_1 = 36 \times 2 = 72$（元/亩）。

4）计算王大生全部玉米地的补偿额，$(C_{01} - C_1) \varphi_1 A_1 P_1 = 72 \times 6 = 432$ 元。

5）根据上述计算程序分别计算王大生家种植油葵的补偿额为 $(C_{02} - C_2) \varphi_2 A_2 P_2 = (350 - 330) \times 0.7 \times 4 \times 5.6 = 313.6$（元），种植西瓜的补偿额为 $(C_{03} - C_3) \varphi_3 A_3 P_3 = (4000 - 3800) \times 0.7 \times 2 \times 1.8 = 504$（元）。

6）综合玉米、油葵和西瓜的补偿额得到王大生家因水权转让而获得的总补偿额为 $(C_{01} - C_1) \varphi_1 A_1 P_1 + (C_{02} - C_2) \varphi_2 A_2 P_2 + (C_{03} - C_3) \varphi_3 A_3 P_3 = 432 + 313.6 + 504 = 1249.6$（元）。

综上所述，在农业用水水权转让中，王大生作为水量出让方农民，其农业产出受到一定的影响，理应得到补偿，年均总补偿额为 1249.6 元。

第 7 章

水权转让技术方案设计

宁夏中部干旱带水资源短缺，水权转让涉及的利益相关方众多，为切实推进水权转让的实施，必须对水权转让的技术方案进行详细周全的设计，使其符合宁夏中部干旱带的特点，能切实有效地对水权转让实践提供指导。

7.1 水权转让的前提条件

水权转让必须具备以下前提条件。

1. 水权是合法取得的

根据上述政策依据，宁夏中部干旱带的水权转让可以分为取水权利转让和用水权利转让两种模式。取水权利是通过取水许可依法获得的水权，水权拥有者为取水许可证持有者。实际用水户可以是取水许可证持有者（如取水许可证持有者是直接取水的工业企业），也可以不是（如取水许可证持有者是专门的公共供水单位）。用水户依法拥有水的使用权，即用水权利。不管是取水权利的转让还是用水权利的转让，水权转让的首要前提条件都是合法取得水权，水权关系明确。

2. 水权可交换

不是所有合法取得的水权都可以转让，只有通过调整产品和产业结构、改革工艺等节水措施真正节约水资源的，在水权有效期和取（用）水限额内，才可以依法有偿转让其节约的水资源。用水总量超过本流域或本行政区域水资源可利用量的，除国家有特殊规定的，不得向本流域或本行政区域以外进行水权转让；在地下水限采区的地下水取水户不得进行水权转让；为生态环境分配的水权不得转让；对公共利益、生态环境或第三方利益可能造成重大影响的不得转让。

不是所有单位或者个人都能成为水权转让的受让方。不得向国家限制发展的产业用水户进行水权转让。

3. 具备转让基础条件

水权转让还必须具备下列基础条件：

（1）出现水资源短缺现象。

（2）具有水权转让的工程条件。

（3）建立起一套有力的规章制度和行政体系，保障转让方和受让方的权利。

（4）能有效调节水权转让利益再分配引起的冲突。

（5）能有效保护第三方的利益。

7.2　相关部门利益关系分析

宁夏中部干旱带开展水权转让，利益相关方包括水权管理机构、水权转让方、水权受让方和其他第三方等，其利益关系详见图 7-1。

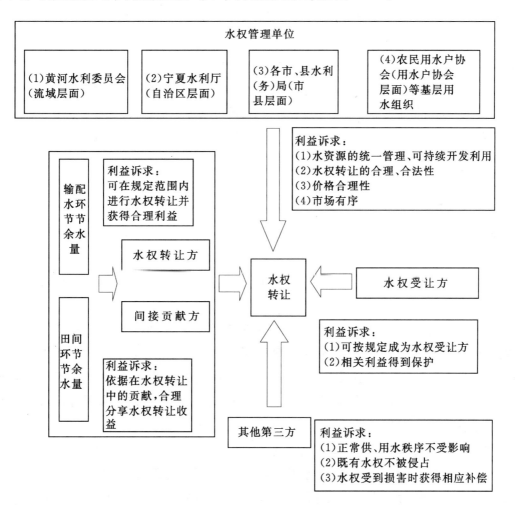

图 7-1　宁夏中部干旱带水权转让中相关部门的利益关系

7.2.1　水权管理机构

宁夏中部干旱带水权转让的对象是黄河水，因此水利部黄河水利委员会是流域层面的水权管理机构。在区域层面上，自治区及其下属的市、县级政府及村民委员会是水权管理的责任方，区、市、县各级水行政主管部门及村农民用水户协会按职责范围的不同，是规定范围内的水权管理部门。

1. 黄河水利委员会

黄河水利委员会是水利部派出的流域管理机构，在黄河流域和新疆、青海、甘肃、内蒙古内陆河区域（以下简称流域内）依法行使水行政管理职责。负责保障流域水资源的合理开发利用；负责流域水资源的管理和监督，统筹协调流域生活、生产和生态用水；按照规定和授权，组织拟定流域内省际水量分配方案和流域年度水资源调度计划；组织开展流域取水许可总量控制工作，组织实施流域取水许可和水资源论证等制度。

宁夏中部干旱带水权转让的对象是黄河水，黄河水利委员会作为流域层面的水权管理机构，其利益诉求是确保水权转让的合法性和合规性，水权转让要符合流域水资源合理开发利用的要求，遵守流域取水许可和水资源论证制度，接受黄河水利委员会对流域水资源管理和监督，水权转让不得影响流域内省际水量分配方案与年度水资源调度计划的执行，不得影响流域取水许可总量控制。

2. 宁夏水利厅

宁夏水利厅是宁夏政府水行政主管部门，负责统一管理自治区范围内水资源（含空中水、地表水、地下水）；执行国家水长期供求计划、水量分配方案；拟定自治区水长期供求计划，水量分配方案并监督实施；组织实施取水许可制度。

宁夏水利厅作为自治区层面的水权管理机构，其利益诉求为实现全区水资源的统一管理，确保水资源的可持续利用以对经济社会发展的支撑作用。在宁夏中部干旱带的水权转让中，要确保水权转让的合法性和合规性，确保水权转让价格的合理性以及水市场的有序性，水权转让后的用水总量得到严格控制，用水效率和效益得以提升。

3. 中部干旱带各市、县水利（务）局

各市、县水利（务）局是各市、县人民政府水行政主管部门，负责辖区内水资源的统一管理，执行上级行政区域的水资源长期供求计划、水量分配方案，拟定本辖区内水资源长期供求、水量分配方案，并监督实施、组织实施取水许可制度，负责计划用水工作。

中部干旱带各市、县水利（务）局是该辖区范围内的水权管理机构。其利益诉求是实现辖区内水资源的统一管理，确保辖区内水资源的可持续利用以及对经济社会发展的支撑作用，确保涉及本辖区内的水权转让的合法、合规、价格合理以及水市场有序，且不对用水总量控制产生影响，使用水效率和效益得以提升。

4. 农民用水户协会等基层用水组织

农民用水户协会等基层用水组织是最基层的群众组织，主要负责斗渠及以下渠道及配套工程的运行与维护，同时负责协会内部的水权转让管理。作为水权转让管理机构，其利益诉求是管辖范围内水权转让的合法合规性。

7.2.2　水权转让方

输配水环节节余水量的水权转让方和田间环节节余水量的水权转让方不同。

1. 输配水环节节余水量的水权转让方

政府为输配水环节节余水量的直接转让方，三大扬水管理处、各县市灌溉管理所是直接贡献方，这些扬黄工程运行管理单位代表政府拥有管辖范围内扬黄工程沿线的环境水权，是输配水环节节余水量的水权转让方。

相关扬水管理处、灌溉管理所是全额拨款事业单位，作为水权转让方，其利益诉求是可在规定范围内进行水权转让并获得合理的利润，享有的水权不被侵占，若相关权利受到损害必须得到补偿。

2. 田间环节节余水量的水权转让方

农业用水户是田间环节节余水量的直接转让方，在水权转让中发挥相应作用的扬水管理处、灌溉管理所、农民用水户协会等基层用水组织是水权转让的间接贡献方。

农业用水户作为直接转让方，其利益诉求是可在规定范围内进行水权转让并获得合理利益。

作为间接贡献方的各单位、团体，其利益诉求是依据其在水权转让中的贡献，合理分享水权转让收益。

7.2.3　水权受让方

宁夏中部干旱带的水权受让方是通过转让的方式获得水权的单位或个人，可能是农业用水户、工业用水户、居民生活用水户或供水企业等，其利益诉求是可按规定成为水权受让方，相关利益得到保护。其中，农业用水户可能是传统的农户、种植大户以及专业化种植公司（包括林业局成立的种植公司或承包土地的种植公司两种形式）。

7.2.4　其他第三方

拥有水权的各单位、团体、用户都可能成为宁夏中部干旱带水权转让的第三方。其利益诉求是正常供、用水秩序不受影响，既有水权不被侵占，水权受到损害时应获得相应补偿。

7.3　水权交易市场的建立

在宁夏中部干旱带四大扬黄灌区将初始水权逐级分配到农户后，由宁夏回族自治区水利厅水权管理部门（挂靠水资源管理处）负责建立水权交易市场。水权交易市场是利用互联网技术开发的网上交易市场平台，与证券交易市场类似。该平台设有不同管理权限和用户权限。管理权限根据自治区、市、县相关水权管理单位和农民用水户协会职能的不同进行设置。用户权限针对有水权出让和受让意向的单位或个人，以及可能受到影响的第三方进行设置。

该平台设置 3 个后台数据库，分为水权信息数据库、水权出让和受让需求信息数据库和转让水权数据库。水权信息数据库记录当前水权分配的结果，即各类水权拥有者的信息，包括水权人姓名、身份识别标识、所在用水户协会、村、县和市，拥有水权的类型、数量、期限、用水地理位置、供水单位、水权取得时间、水权取得方式和水权变更情况等信息。水权出让和受让需求信息数据库记录了各类用户进行水权出让和受让的意向，包括姓名、单位、身份识别标识、所在地、出让或受让水权、数量、拥有（需要）水权类型、期限、拟转让时间等信息。转让水权数据库记录了完成水权转让的相关信息，包括出让方信息、受让方信息、交易时间、交易期限、交易价格、交易时间等。

使用该平台的介质为计算机，水利厅负责为自治区、市、县水权管理部门和各农民用水户协会配置专用计算机，便于管理员进行相关操作，农民用水户协会的计算机应提供给农户，进行用户权限的操作。水权转让的所有意向、申请、审核及相关手续全部在该平台上完成。

7.4　水权转让的实施主体

根据不同分类方法，宁夏中部干旱带的水权转让有多种类型，每一种类型的水权出让方和水权受让方都不同，具体见表 7-1。

表 7-1　　　　　宁夏中部干旱带水权转让的实施主体

转让地点	转让双方用水性质	转让规模	转让时间	节余水量产生的环节	水 权 出 让 方	水 权 受 让 方
扬黄灌区间	农业用水向农业用水	规模化	长期	田间	扬黄灌区灌溉管理单位、农民用水户协会等基层用水组织、农业用水户形成的水权共同体	扬黄灌区灌溉管理单位、农民用水户协会等基层用水组织或供水企业、农业用水户形成的水权共同体
				输配水	扬黄灌区灌溉管理单位	扬黄灌区灌溉管理单位、农民用水户协会等基层用水组织或供水企业、农业用水户形成的水权共同体
	农业用水向工业用水	规模化	长期	田间	扬黄灌区灌溉管理单位、农民用水户协会等基层用水组织、农业用水户形成的水权共同体	工业用水户或供水企业
				输配水	扬黄灌区灌溉管理单位	工业用水户或供水企业
	农业用水向城镇生活用水	规模化	长期	田间	扬黄灌区灌溉管理单位、农民用水户协会等基层用水组织、农业用水户形成的水权共同体	城镇生活用水户或供水企业
				输配水	扬黄灌区灌溉管理单位	城镇生活用水户或供水企业
引黄灌区向扬黄灌区	农业用水向农业用水	规模化	长期	田间	引黄灌区灌溉管理单位、农民用水户协会等基层用水组织、农业用水户形成的水权共同体	扬黄灌区灌溉管理单位、农民用水户协会等基层用水组织或供水企业、农业用水户形成的水权共同体
				输配水	引黄灌区灌溉管理单位	扬黄灌区灌溉管理单位、农民用水户协会等基层用水组织或供水企业、农业用水户形成的水权共同体
	农业用水向工业用水	规模化	长期	田间	引黄灌区灌溉管理单位、农民用水户协会等基层用水组织、农业用水户形成的水权共同体	工业用水户或供水企业
				输配水	引黄灌区灌溉管理单位	工业用水户或供水企业
	农业用水向城镇生活用水	规模化	长期	田间	引黄灌区灌溉管理单位、农民用水户协会等基层用水组织、农业用水户形成的水权共同体	城镇生活用水户或供水企业
				输配水	引黄灌区灌溉管理单位	城镇生活用水户或供水企业

续表

转让地点	转让双方用水性质	转让规模	转让时间	节余水量产生的环节	水 权 出 让 方	水 权 受 让 方
扬黄灌区内	农业用水向农业用水	规模化	长期	田间	农民用水户协会等基层用水组织、农业用水户形成的水权共同体	农民用水户协会等基层用水组织或供水企业、农业用水户形成的水权共同体
				输配水	引黄灌区灌溉管理单位	农民用水户协会等基层用水组织或供水企业、农业用水户形成的水权共同体
		个体间	长期	田间	农业用水户	农业用水户
			短期	田间	农业用水户	农业用水户
	农业用水向工业用水	规模化	长期	田间	农民用水户协会等基层用水组织、农业用水户形成的水权共同体	工业用水户或供水企业
				输配水	引黄灌区灌溉管理单位	工业用水户或供水企业
	农业用水向城镇生活用水	规模化	长期	田间	农民用水户协会等基层用水组织、农业用水户形成的水权共同体	城镇生活用水户或供水企业
				输配水	引黄灌区灌溉管理单位	城镇生活用水户或供水企业

由表7-1可知，按照水权出让主体的不同，宁夏中部干旱带水权转让出让主体有三种可能形式：第一种是灌溉工程运行管理单位、农民用水户协会等基层用水组织与农业用水户相结合的水权共同体；第二种是农民用水户协会等基层用水组织与农业用水户相结合的水权共同体；第三种是农民用水户。水权转让受让主体有5种可能性：第一种是灌溉工程运行管理单位、农民用水户协会等基层用水组织或者供水企业与农业用水户相结合的水权共同体；第二种是农民用水户协会等基层用水组织或者供水企业与农业用水户相结合的水权共同体；第三种是农民用水户，包括农户、种植大户以及专业化种植公司等；第四种是工业用水户或工业园区或供水企业；第五种是城镇生活用水户或供水企业（城市自来水公司）。

7.5 水权转让方式

根据水权转让的不同类型，水权转让有水票交易和签订合约两种方式。对于农业用水户之间进行的短期转让，应采取水票交易的方式实现，对于农业用水户之间进行的长期转让，应通过个体对个体签订合约的方式来实现。而各灌区向延伸区（限额灌溉区）农业用水、工业用水和城镇生活用水进行的水权转让，由于水权受让方需要有一个较长时间序列的用水保证，必须进行长期水权转让，则应通过水权共同体与用水户（延伸区水权共同体、企业或个体）签订合约的方式来实现。

1. 水票交易方式

水票是农民用水户获得实际取用水权的凭证。水权初始分配后，每个农民用水户将获得通过行政手段直接分配的水配额，水配额的依据是该农民用水户拥有的家庭联产承包责任田的数量。

每个用水年度年初，农民用水户向灌区管理单位购买水配额以内的水票。水票上标注有用水时间、灌区名称、可用水量等。用水时先缴纳水票。

农民用水户之间进行的水权转让，只允许在灌区内交易，不允许跨灌区进行交易。

若进行短期的水权转让，如一个用水年度，则可直接通过水票买卖的方式完成。水票买卖的价格应由水权转让双方商定，政府不需要过度干预。

水权出让方可将水权转让给多个水权受让方；水权出让方可一次性出售该用水年度全部水票，也可出售部分水票；水权受让方也可以向多个水权出让方购买水票。

2. 个体之间的合约方式

若扬黄灌区内农民用水户之间进行长期水权转让，则应由水权转让的双方签订个体之间的转让合约。

由于该水权转让实际上是保有水权的转让，要保证权益和责任同时转让，必须要经水权管理机关审核后，通过签订个体转让合约的方式来进行水权转让，在签订合同后的规定时间内，由水权受让方将水权转让费用支付给水权管理机关，由水权管理机关及时将水权转让费用交付给水权出让方，同时变更水权登记。

水权转让价格由水权转让双方商定，政府不需要过度干预。水权出让方可将水权转让给多个水权受让方；水权出让方可一次性出售其拥有的全部水的使用权，也可出售其拥有的部分水的使用权；水权受让方也可以向多个水权出让方购买水的使用权。

3. 扬黄（引黄）灌区水权共同体与水权受让方之间的合约方式

对于向延伸区（限额灌溉区）、工业用水和城镇生活用水进行的水权转让，由于水权受让方的用水需求必须是长期转让，即保有水权的转让，因此，不管出让方是扬黄灌区还是引黄灌区，都应经水权管理部门批准后，通过扬黄（引黄)灌区水权共同体与用水户(延伸区水权共同体、企业或个体)签订合约的方式来实现。

在水权管理部门批准、双方签订合约后,由水权受让方将水权转让费用缴纳给水行政主管部门,水行政主管部门及时将水权转让费用按合同支付给灌区管理单位、农民用水户协会以及需要补偿的第三方,同时进行水权变更登记。

7.6　水权转让程序

一般而言,水权转让的程序可分为水权转让供需信息提供、水权转让双方接洽和协商、水权转让申请、水权转让审查、水权转让公示、水权转让合同签订、水权转让信息登记、水权转让信息备案和实施水权转让监督管理等多个步骤。具体流程如图 7-2 所示。水权转让各步骤说明见表 7-2。

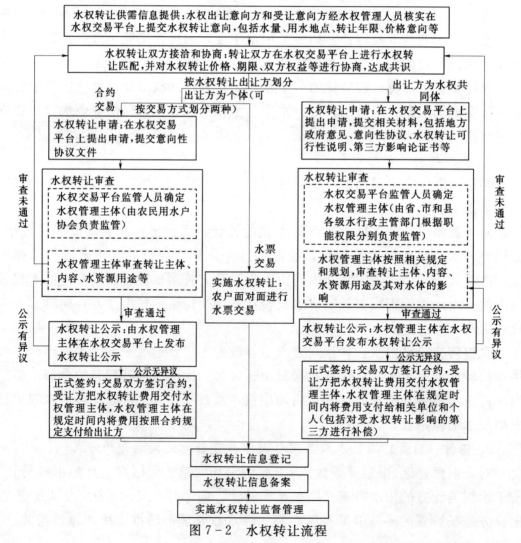

图 7-2　水权转让流程

表 7-2　　　　　　　　　　水权转让各步骤工作说明

编号	水 权 转 让 步 骤		备　注
1	水权转让供需信息提供	水权出让意向方和受让意向方在地方政府建立的水权交易平台上提交水权转让意向,包括水权出让(受让)量、用水地点、转让年限、价格意向等内容,经水权交易平台监管人员核实后,在网上平台公开	
2	水权转让双方接洽和协商	水权出让意向方或受让意向方在水权交易网上平台获取信息后,自主进行水权转让匹配,并进行初步接洽;针对水权转让价格、期限、双方权益等内容进行协商,达成共识	
3	水权转让申请	水权转让意向双方向水权交易平台监管人员提出水权转让申请,并提交相关材料,如所在地政府对水权转让的意见、证明转让合法的证件、双方签订的意向性协议、水权转让可行性说明、第三方影响论证书等相关资料	以合约形式进行的水权交易需经过此步骤;农业用水户之间的水票交易不需要经过此步骤
4	水权转让审查	水权交易平台监管人员根据水权转让申请材料,确定相应的水权管理主体,包括省、市、县和乡级水行政主管部门,或农民用水合作组织。水权管理主体按国家规定及水资源利用规划,对转让主体、内容、水资源用途及其对水体的影响等进行审查	农业用水户之间的水票交易不需要经过此步骤;以合约形式进行的水权交易需经过此步骤,但个体之间的水权交易和有水权共同体参与的水权交易审查内容不同
5	水权转让公示	水权管理主体在水权交易平台上发布水权转让公示,征求潜在受影响者的意见。在无第三方有正当异议的前提下,对审查合格的申请者准予交易	农业用水户之间的水票交易不需要经过此步骤;以合约形式进行的水权交易需经过此步骤
6	水权转让合同签订	在水权管理主体监督下,水权交易双方签订正式合约,水权受让方将水权转让费用经水权管理主体,在规定时间内按照合约支付给相关单位和个人,包括对受水权转让影响的第三方进行补偿,实现取水权或保有水权的变更	(1)以水票形式进行的水权交易,仅需农业用水户面对面自主议价完成水票买卖,实现用户水权变更,无需经过此步骤。(2)以合约形式进行的水权交易需经过此步骤
7	水权转让信息登记	水权交易双方就水权转让情况在水权管理主体进行登记,包括转让主体、水量、水资源用途等	

编号	水　权　转　让　步　骤		备　　注
8	水权转让信息备案	水权管理主体对水权交易记录进行备案,以备后用	
9	实施水权转让监督管理	水权管理主体对水权转让实施情况进行监督管理,及时解决存在的问题,保障水权转让顺利实现	

7.7　水权转让期限

水权转让的期限是水权转让过程中一个敏感的问题,水权转让必须考虑水权转让的期限。

对于农业用水户间的水票交易,是短期水权转让。这类水权转让的期限为水票的有效期,水票的有效期一般以一年或者一个灌水季为单位,因此,水权转让的期限也是一年或者一个灌水季。

对于其他方式的水权交易,均为长期水权交易,由于宁夏中部干旱带的水权转让是通过节水才能完成的,所以水权交易的期限应考虑初始水权分配的期限、节水工程的使用期限等,一般节水工程的使用期限不超过25年,因此,长期水权交易期限最长不得超过25年,具体年限要视具体情况而定。

此外,已经实施水权转让的用户水权持有者不得申请新的水权,只能依靠水权转让的形式重新获得水权。

7.8　水权转让价格

水权转让价格由市场交易成本、政策性交易成本、原水利工程供水成本、损失的机会成本、水权转让涉及的工程建设与运行维护成本、行政性交易成本、水权转让收益等几部分组成,还应考虑转让当事双方的心理承受能力等多种因素,其最低限额应不低于对占用等量水源和相关工程设施进行等效替代的费用。水权转让费由受让方承担。不同的水权转让类型,水权转让价格涵盖的费用构成不同。

7.8.1　水票交易

水票交易方式因交易双方均是同一灌区的农业用水户,交易价格的确定较

为简单。计算公式为

$$P = A_1 + C_1 + D + E_1 + G$$

式中　P——交易价格；

$\quad$ A_1——水权转让信息费；

$\quad$ C_1——现状灌溉水价；

$\quad$ D——损失的机会成本；

$\quad$ E_1——节水工程建设及运行维护成本；

$\quad$ G——水权转让收益。

各项费用的具体计算方式见第 8 章。

市场交易成本中，只存在水权转让信息获取的成本，因此将其计入，水权转让成本测算费、价格协商费可不计入。

对于政策性交易成本，因同属于一个灌区，且转让水量较少，不需要计算和支付生态补偿费、农灌风险补偿费及对其他第三方损害的补偿，无需计入。

对于原水利工程供水成本，由于水权用途未改变，水权转让后仍属于农业用水水权，则只计入现状灌溉水价格。

对于损失的机会成本，需要按照公式进行计算，也可不经过计算，直接由水权转让双方协商出一个合理的、双方可接受的价格。

对于水权转让涉及的工程建设与运行维护成本，若水权出让方通过节水措施节水后转让，节水的成本费用要计入转让价格；但由于水权转让双方都在同一个灌区，不涉及输水工程的新建，因此，不计入输水工程建设及运行维护费。

对于行政性交易成本，建议免除。

对于水权转让收益，可由水权转让双方协商出一个合理的、双方可接受的收益。

当然，由于交易双方都是农民用水户，也可以不经过那么多复杂的计算过程，双方直接协商出一个合理、可接受的价格即可。

7.8.2　个体合约转让

个体合约转让实质上是农民用水户保有水权的转让。在水权转让后，水权受让方将直接根据变更的水权登记向水管理机构购买水票用水。因交易双方均是同一灌区的农业用水户，交易价格的确定也较为简单。计算公式为

$$P = A_1 + D + E_1 + G$$

式中　P——交易价格；

$\quad$ A_1——水权转让信息费；

D——损失的机会成本；

　　　　E_1——节水工程建设及运行维护成本；

　　　　G——水权转让收益。

　　各项费用的具体计算方式见第8章。

　　与水票交易方式相比，个体之间以合约方式进行的水权转让价格费用构成里没有现状灌溉水价，其他部分均相同。这是因为在此种方式下，水权转让后水权受让方将直接根据变更的水权登记向水管理机构购买水票，支付水利工程供水费用，不需要由水权出让方购买水票后再出售给水权受让方。因此，现状灌溉水价费用虽也由水权受让者支付，但是不应计入支付给水权出让方的水权转让价格中。

　　当然，由于交易双方都是农民用水户，也可以不经过那么多复杂的计算过程，双方直接协商出一个合理、可接受的价格即可。

7.8.3　水权共同体合约转让

　　水权共同体合约转让是一种集体合约转让，水权转让价格计算公式为

$$P=(A_1+A_2+A_3)+(B_1+B_2+B_3)+C+D+(E_1+E_2)+G$$

式中　　P——交易价格；

　　　　A_1——水权转让信息费；

　　　　A_2——水权转让成本测算费；

　　　　A_3——价格协商费；

　　　　B_1——生态补偿费；

　　　　B_2——农灌风险补偿费；

　　　　B_3——对其他第三方损害的补偿；

　　　　C——原水利工程供水成本；

　　　　D——损失的机会成本；

　　　　E_1——节水工程建设及运行维护成本；

　　　　E_2——输水工程建设及运行维护成本；

　　　　G——水权转让收益。

　　各项费用的具体计算方式见第8章。

　　若为灌区内的水权转让，则公式中不计入原水利工程供水成本（C）。这是因为水权转让后，受让方直接向原水利工程供水单位支付水费。如转让后为仍为农业用水，则受让方按灌溉水价缴纳水费，如转让后为工业用水或生活用水，则按照相应的水价缴纳水费。在灌区内的水权转让中，这部分费用不是支付给水权转让方的，不列入水权转让价格中。

对于损失的机会成本，需要按照公式进行计算，也可不经过计算，直接由水权转让双方协商出一个合理的、双方可接受的价格。

对于水权转让涉及的工程建设与运行维护成本，若水权出让方通过节水措施节水后转让，节水的成本费用要计入转让价格；如水权转让还涉及输水工程的新建，则应一并计入水利工程建设及运行维护费。这部分费用一般由水权出让方或者第三方先行垫付，则在水权转让价格中应该涵盖这部分费用；如这部分费用由水权受让方直接负担，则不包含在水权转让价格中。

对于行政性交易成本，如水权受让方仍然为农业用水者，建议予以免除。如受让方为非农业用水者，建议适当收取，但在水权转让实施的早期也可全部免除。

对于水权转让收益，可以在按照公式进行计算得出结果的基础上，由水权转让双方协商出一个合理的、双方可接受的收益。

7.9　水权转让效益

对于水权转让效益的计算，可以用水效益增加值来表示。具体公式为

$$B_e = V_a - V_b$$

式中　　B_e——水效益增加值；

V_a——用水权转让后单方水产值；

V_b——原单方水产值。

在宁夏中部干旱带从事传统粮食作物种植，以耗水量计单方水粮食产量仅为 1.12kg，假设粮食价格为 2 元/kg，则单方水产值仅为 2 元左右。

自 2005 年以米，在中部干旱带推广压砂瓜种植面积 100 万亩，采用水车拉水穴灌的方式，年亩均灌水 15～25m³，实现了亩均西瓜产量 1500kg，亩均产值 2000 元左右，单方灌溉水产值在 50 元以上，特色种植取得了极大的经济效益。

而根据宁夏 2011 年水资源公报数据，单方水工业产值为 179 元。由此可见，水权转让获得的效益为单方水 170 元以上。

若节水后将水量转为城镇居民生活用水，虽然没有经济效益，但解决了革命老区的人饮安全问题，社会效益不可估量。

7.10　水市场监管

水市场是通过市场交换取得水权的机制或场所，水市场是一种准市场，水

市场的建立、培育和发展，既要有相关法律、法规和政策的支持和保障，同时还需要政府的监督和管理，通过建立统一的水权市场交易管理体制和专门管理机构，以维护良好的市场秩序，保障水权交易安全有序开展。

7.10.1　监管机构

水市场监管机构即水市场监管的主体。为了保证水市场得到有效监管，保障水市场的健康发展，水市场监管主体需要具备以下方面特点：

（1）必须是社会公共利益的代言人，对于社会公共利益和生态环境能够切实加以保护。

（2）具有足够的行政管理职能，在市场监管中能够充分发挥其监督管理作用。

（3）能够维持正常的市场秩序，对水事纠纷、利益冲突等予以仲裁和解决，防止造成市场垄断，以确保水市场的有序发展。

（4）能够积极向社会提供及时透明的信息，保障转让的公开、公平和公正。

对于宁夏中部干旱带水市场而言，水市场监管机构的核心应该是宁夏人民政府和宁夏中部干旱带所属各市（县）人民政府，具体执行单位应是宁夏水利厅水市场管理办公室和宁夏中部干旱带所属市（县）、乡两级水市场管理办公室和村级用水户协会。

（1）在全自治区层面，设立宁夏水市场管理办公室。宁夏水市场管理办公室挂靠在宁夏水利厅水资源管理处，与宁夏水利厅水资源管理处实行一套人马两块牌子。宁夏水市场管理办公室全面负责宁夏全区范围内水市场的监督管理和水权交易纠纷的调处以及水市场的宏观调控工作。

（2）在市（县）一级设立市（县）水市场管理办公室。各市（县）水市场管理办公室挂靠在各市（县）水利局（水务局）水资源管理科，与各市（县）水利局（水务局）水资源管理科实行一套人马两块牌子。各市（县）水市场管理办公室全面负责相应市（县）域内水市场的监督管理和水权交易纠纷的调处。

（3）在乡镇一级设立乡镇水市场管理办公室。各乡镇水市场管理办公室挂靠在相应乡镇水利（水务）站，与各乡镇水利（水务）站实行一套人马两块牌子。由各乡镇水市场管理办公室负责相应乡镇水市场的监督管理和协调工作。

（4）在村一级以行政村或支斗渠为单元成立用水户协会。由村用水户协会负责全村水市场的监督管理和协调工作。

宁夏中部干旱带各级水市场监督管理机构在不同层面负责全市水权交易市

场的监督和管理，为水市场的正常运转和健康发展提供重要的体制保障。主要监督和管理职责如下：

（1）负责建立和培育相应层面的水权交易中介机构，负责对所辖水权交易机构资质的审查，规范水权交易中介机构行为，强化中介机构的收费管理和信息公开，维持水市场交易秩序。

（2）负责为用水户之间的水权交易提供各种便利条件，并协调相应层面的水量交易，调处各类交易纠纷。

（3）依据相关法律规定，负责对水权交易合同的主体、内容、水资源用途及其对环境及第三方的影响等进行审查；负责对水权进行变更登记。

（4）负责组织举办水权交易听证和公示，定期将近期水权交易的各种信息向公众发布，便于公众进行监督。

（5）负责建立水市场信息资源网络，汇总并分析市场信息，引导市场交易行为。

（6）建立水市场监管制度，明确监管机构在水市场管理中的职能、监督手段和方式，实施水权交易资金的监管，规定各级水市场管理办公室对下一级水市场管理办公室所辖区域内的水市场监管制度执行情况的监管职责。

（7）制定水权交易管理办法，明确水权转让的范围、原则、程序、仲裁等管理内容；建立水权交易市场准入制度，限制环境用水参与交易，限制农业的基本用水参与永久交易；制定水权交易价格的核定原则；核准不同用途之间的水权交易，监督水权交易过程。

（8）从有利于宁夏中部干旱带经济社会协调发展和长远发展，以及保障公共利益等观念出发，防止企业通过垄断水源来垄断下游市场，保证水权交易的公平竞争。

（9）细化水价听证制度，制定水价调整管理办法，建立规范的水产品和服务价格调整听证制度、审批制度，确保水价调整和改革兼顾各方利益。

7.10.2　监管内容

宁夏中部干旱带水市场的监管包括水权交易的合法性、水权交易的规范性、交易价格、社会公共利益等方面。

1. 水权交易的合法性监管

水权的交易必须遵守《中华人民共和国水法》《取水许可与水资源费征收管理条例》等相关法律法规的规定。水权交易违反相关法律法规规定，一方面会对交易双方或者第三方的利益造成损害，另一方面会扰乱市场秩序，影响水权交易的有序开展和水市场的正常发育。有关监管部门要加大对水权交易合法性的审查力度，严肃查处各种违法交易行为，严格规范市场交易秩序，从而保障水权交易市场的有序、和谐与健康发展。

2. 水权交易的规范性监管

水权交易的规范性监管主要包括水权交易主体、水权转让范围、水权交易数量、水权转让年限、水权交易程序、水市场秩序等方面。

（1）水权交易主体的监管。在对水权交易主体进行监管时，一方面要对水权交易主体资格进行确认，确定水权的出让方（卖方）拥有的水权类型、数量和出让数量，确定水权的受让方（买方）是否具有该地区此类水权的购买资格（并非任何人、任何单位都具有购买水权的资格）；另一方面要对买方的水权用途实施监管，买方在购买水权之前，应事先向市场管理部门申报其水资源用途，根据水资源的高效配置原则，凡低效的及高污染的用水限制其从水市场中购买水权，确保水资源流向效益高、低污染的用途。

（2）水权转让范围的监管。水权转让范围监管的主要内容包括跨区域转让监管、跨行业转让监管、重大影响转让监管和产业政策导向的水权转让监管。

1）跨区域转让监管。有两种类型：一是当取用水总量超过本行政区域水资源可利用量的，除有特殊规定外，不得向本行政区域以外的用水户转让水权；二是地下水限采区内的地下水取水户的水权只能转让出去而不得转让进来。

2）跨行业转让监管。规定为生态环境分配的水权不得转让。

3）重大影响转让监管。规定当水权转让有可能对公共利益、生态环境或第三者利益造成重大影响的不得转让。

4）产业政策导向的水权转让监管。要求不得向国家限制发展的产业用水户转让。

（3）水权交易数量的监管。加强水权交易数量的监管，确保水权的正常流动，防止水权过分集中到少数用户手中，使其囤积居奇，造成水权的垄断，甚至出现"水霸"，给正常的生产用水带来困难。如果某段时间的水权交易量超过现有水权总量的一定比例，则意味着水权流动过频，可能会出现过度投机的现象。对于用户而言，他们对于水权的转让，也不应超过现有水权的一定比例，不应频繁地买进和卖出水权，否则可能不是为生产而购买水权，而是在投机买卖水权，对此市场监管部门可按照一定规则停止其水权交易。

（4）水权转让年限的监管。宁夏水市场管理办公室要根据水资源管理和配置的要求，综合考虑与水权转让相关的水工程使用年限和需水项目的使用年限，兼顾供求双方利益，对水权转让的年限提出要求，并依据取水许可管理的有关规定进行审查复核。

（5）水权交易程序监管。水权作为一种用益权，其客体具有流动性，它的行使不但对权利人的利益至关重要，也会直接影响到其他权利人的利益和生态环境，如上游买卖水权，一旦买者使用不当，则可能给下游造成严重的污染。因此，应对水权转让制定严格的水权交易程序，并对水权转让是否符合规定的水权交易程序进行监管，以保证水权交易相关利益各方的权益。

（6）水市场秩序的监管。在水权交易市场中，难免会出现一些扰乱市场秩序的不良行为。例如，交易主体可以凭借其经济实力及其他势力不正当垄断水权，控制市场交易量，进而控制价格，或以其他方式进行不正当竞争。这些不良行为都会使水权价格偏离其真正价值，损害其他市场主体利益，破坏了水资源的合理配置机制。面对这些情况，宁夏水市场管理办公室要通过自身的行政权威及力量，禁止和限制不合理行为，保护交易者合法权益，规定水权市场准入条件和水权交易者应遵守的规章制度，防止水权市场的垄断和不正当竞争，以实现水权交易的制度化和规范化。

3. 交易中介的资质和行为监管

水权交易中介是随着水市场的发育而出现的，它在水权交易中发挥着重要作用，包括水权档案材料鉴定、水权调查、水权管理规划、水权价值评估、代理诉讼等。水权交易中介的行为是否规范对于维持正常的水市场秩序非常重要：一个通过有关管理部门审核、获取相应资质、管理规范的交易中介，对于维持正常的水市场秩序将起到积极的推动作用；相反，一个没有通过相关部门审核、没有获取相应资质、而且管理混乱的交易中介将有损于水市场的正常发育。为了促进水市场的健康发展，有关部门要加强水权交易中介的资质审查，强化对交易中介行为的监管，加大对违法交易中介的惩处力度，规范水权交易中介的行为。

4. 交易价格的监管

一般而言，水权价格由供水成本和机会成本决定，在丰水年份价格低一些，在枯水年份价格高一些。而在水权交易市场，水权的交易价格通常是由市场根据水权的供求关系来确定的。但水权转让价格不应过高或过低，为了防止水权的过度炒作和过度投机，防止个别交易主体通过哄抬水权价格从中牟取不当利益，需要对水权的交易价格进行监控。为了平抑水价，政府可以通过建立"水银行"的形式，设立流域基金，在丰水时（或水权转让价格较低时）购买水权，在枯水时（或水权转让价格较高时）卖出水权，减少水权转让价格的波动。

5. 其他方面的监管

其主要包括社会公共利益、水功能区影响、交易的公平性、交易资金等方面的监管。

（1）社会公共利益的监管。社会公共利益的监管包括非常时期水权水市场的管理和水环境权的监管两个方面。

1）非常时期水权水市场的管理。在因防洪、抗旱等特殊情况下或者出于公共利益目的的考虑，水行政主管部门有权依照法定程序对水权合同进行管制，修改、变更甚至解除水权交易合同，这也理应作为合同双方的免责事由。

2）水环境权的监管。水环境权作为环境权的一种，包括获得安全、无污染、无害、清洁的水环境的权利；享受、亲近、欣赏、体验适宜的水生态环境的权利；利用水环境资源或水环境功能以维护其自身基本生活、生存发展需要的权利，包括利用水体的自净功能而排放适量污染物的资格和自由；要求维持河流流量和湖泊正常水位的权利。与水环境权有关的还有保护水生生物的权利，即水生生物基本用水的权利，以保护水生生物的正常生长和维持水生态系统的生态平衡。水环境权监管需要以"对河流的生态可持续性和对其他用户的影响最小"为原则对水权交易进行监管。

（2）水功能区影响的监管。水资源的利用必须遵循生态系统的物质循环规律，每条江河的流域都是一个生态系统，它所包含的各种生物群体，只有通过相对稳定的物质循环和能量流动才能为人类提供适宜的环境条件和稳定的物质资源。具体而言，水权交易不得改变水功能区划所规定的用途。从水功能区看，目前北京市的水功能区划分为两级体系。水功能一级区分为保护区、保留区、开发利用区和缓冲区四类。水功能二级区分为饮用水源区、工业用水区、农业用水区、渔业用水区、景观娱乐区、过渡区、排污控制区等七类。水权交易，非经法定程序批准，不得改变原有水功能区的类型，如不能将保护区的水资源转让为工业用水。

（3）交易的公平性监管。水权交易的公平性首先是建立在可持续发展基础上的，水权交易需要兼顾供水者和用水者的利益，包括上游和下游、左岸和右岸的用水者，生活用水者、经济用水者和生态用水者，要兼顾当代人和后代人的利益。既要保证水权交易在空间跨度的公平，也要保证水权交易在时间跨度上的公平。

（4）交易资金的监管。水权交易的一个重要环节是资金的往来，水权交易的规模有时候会比较大，交易金额也会很大，为了保证交易资金的安全，必须对水权交易资金进行监管。在资金监管方面，一是要加强项目的审批和资金管理，督促水权交易资金及时到位；二是要监督资金的使用情况，确保水权交易资金的专款专用，并切实保障水权交易所涉及的广大用水户利益。

7.10.3 监管方式

水市场的规范离不开相关部门的监督和管理，有关部门要根据实际情况采取多种方式对水市场进行全方位监管，以保证水市场的良性运行。宁夏水市场监管方式主要有两种：一是政府监管；二是社会监督。

1. 政府监管

宁夏水市场管理办公室可以通过以下方式来实现对宁夏水市场的监管。

（1）制定规范市场主体行为和市场管理方面的规章、制度和管理办法，围绕水权交易、水价调整、信息反馈、技术咨询等，为宁夏水市场发展提供相应的支持、约束和规范，对水市场的运行实施有效的监督管理。

（2）作为水市场的管理者和调控者，可以通过行使水行政管理和水行政执法职能，运用行政手段调控水市场，对水权交易实施监管。

（3）建立水市场运行规则，维持水市场运行秩序。

（4）通过向社会提供信息，组织进行可行性研究和相关论证，并及时向社会公示，加强对水权交易行为、水权交易价格等的监管。特别是对于涉及公共利益、生态环境或第三方利益的，更需要向社会公告并举行听证会。

2. 社会监督

社会监督主要是指社会相关中介组织和公民对宁夏水市场的监督，需要社会相关中介组织和公民的积极参与。宁夏水权市场中的中介组织可包括行业协会、水权计量机构、水权价值评估机构等，这类组织的存在将使水权交易更加规范与公正。公民对水权市场的监督应着重于水权交易的合理性、利益相关方的利益主张及对生态环境的影响方面，为保证公民的参与权，应对水权交易活动进行充分的信息披露，并给予公民在一定期限内向相关水权交易管理部门就特定交易提出异议的权利。社会监督所采用的一种最重要的方式就是充分利用大众媒体，发挥舆论监督作用，广泛开展宣传。

7.11 水权转让费的收取、使用与管理

水权转让费用是水权转让出让方和受让方通过正常的市场买卖行为产生的费用。它应严格地取之于水权受让方，用之于水权转让方，每一笔费用都有特定的来源对象和施用对象。因此该费用不应属于一般意义上的行政事业性收费范畴，但也不属于一般意义上的经营性收费。因为一般意义上的经营性收费拥有不特定的来源对象（广大消费者）和特定的接受对象（经营者）。行政事业性收费在一般意义上遵循"取之于民，用之于民"的原则，实际上其拥有不特

定的来源对象（即广大缴费者）和不特定的受用对象（广大公民，实际上即广大缴费者）。所以，水权转让费的性质不同于上述两种收费中的任何一种。每一次水权转让行为都是针对特定的水权展开，有特定的转让方和受让方。

　　对于交付给农民用水户协会和农业用水户的水权转让费用，由他们自行支配；对于交付给灌区管理单位的水权转让费用，其使用管理应遵循一个最基本原则，即专款专用原则。水权转让资金必须严格按照规定用于经批准的水权转让方所处用水区域的节水工程项目建设和建后运行管理及前期工作费用，实行专户储存、专项核算，不得随意截留、挤占、挪用和调整，不得改变资金用途。宁夏水权管理单位应履行该部分水权转让资金使用监督管理职责，认真贯彻执行国家财经法规，建立健全水权转让资金内部控制制度，对资金使用和管理情况进行监督检查。

第8章

水权转让费用构成和价格形成机制

从某种意义上讲，市场是一种价格形成的机制，只要价格出现，就可以认为市场存在。合理的价格是促进水权流转的关键，水权转让价格应与当地水资源价值相匹配，并以水权转让的实际费用为基准。深入分析宁夏中部干旱带水资源价值，剖析宁夏中部干旱带水权转让价格的影响因素，明确扬黄灌区水权转让价格的定价原则，以及扬黄灌区水权转让费用构成和确定方法，以此为基础，建立起合理的水权转让价格形成机制，促进水权转让价格的合理化和规范化。

8.1 水资源价值分析

8.1.1 水资源价值的内涵和外延

从纯粹的经济范畴上讲，水资源价值是指水资源的使用者为了获得水资源的使用权需要支付给水资源所有者的货币额，它表征了水资源本身的价值。任何人，即使使用原始的水资源，也必须付费，这种支出是针对水资源的所有权而缴纳的费用，这种费用即水资源价值的体现。

水资源价值的内涵可以体现在以下两个方面：第一，稀缺性价值。水资源本身是具有使用价值的（即西方经济学所称的"效用"概念），当其在特定地区特定时段出现短缺时（即供给难以满足需求），水资源即具有了稀缺性价值。随着世界范围内水资源短缺问题越来越普遍，水资源的稀缺价值越来越凸显。而在不同地区不同时段，由于水资源稀缺性不同，其稀缺价值也就不同。第二，劳动价值。在现代社会，水资源价值已经很难体现为纯自然状态下的资源价值，如水文监测、水利规划、资源保护等活动，赋予水资源劳动价值。

人们对水资源价值的认识是一个不断深入的过程。研究和认识水资源价值，其作用包括以下几个方面。

（1）使水资源所有权得以实现。水资源归国家（或集体）所有，这是法律所赋予的权利。但在现实的经济生活中如果要实现这个权利，就需要对水资源价值进行研究，实现有偿转让水资源，从而使水资源所有权在经济上得以实现。

（2）使水资源纳入国民经济核算体系中。在过去的国民经济核算系统中，缺乏对水资源自然资源的核算，导致水资源等资源环境的变化，在国民账户中没有得到反映，一方面是经济的不断增长，另一方面是资源环境的严重破坏。通过研究水资源价值，使水资源纳入国民经济核算体系中，成为比较经济发展质量的一种手段。

（3）有利于促进水资源优化配置。通过水资源价值的明确，可以为实现水资源在各部门间和各地区间水资源合理调配提供依据，从而充分发挥其经济杠杆的调节作用，使各方利益得到协调，使水资源配置达到最佳状态。

近年来，随着人类社会发展和水资源问题的加剧，人们对水资源价值的认识进一步拓展和深化。归纳总结各方的观点，水资源价值表现在以下 3 个方面：一是经济价值，即支持经济活动发展；二是社会价值，即促进社会事业发展；三是生态价值，即维持生命和非生命系统，保持良好的生态环境。这 3 个方面的价值，是随着人类文明的发展、经济社会的进步、生活质量的提升而逐渐被认识和发掘出来的。这说明水资源价值是一个具有宽泛外延的概念，它已经远远超越了早期纯粹的经济范畴的认识，而是从水与人类文明互动的角度去认识水资源对人类生产、生活等各方面活动的广泛作用。2011 年中央一号文件提出："水是生命之源，生产之要，生态之基"，也是对水资源价值的高度凝练的认识。相信随着人类社会的不断发展，对水资源价值内涵的认识会进一步深化，对水资源价值外延的认识也会进一步拓展。

8.1.2　宁夏中部干旱带扬黄灌区水资源价值

宁夏中部干旱带是一个水资源极度贫乏的地区，有水则兴，无水则衰。水资源对该地区有特殊的价值。自 1975 年开始陆续修建扬黄工程以来，扬黄水资源产生了经济、社会、生态等各方面的巨大价值，宁夏中部干旱带的经济社会发展面貌出现了巨大变化。在这里，结合历史和现状资料，对宁夏中部干旱带的水资源价值做出具体分析。

1. 经济价值

宁夏中部干旱带水资源经济价值是指在这一地区利用扬黄水资源所产生的经济效益，包括直接经济效益和间接经济效益两方面。

宁夏中部干旱带自 1975 年开始陆续建设扬黄灌区以来，经过 30 余年的开发建设，到 2011 年共开发灌溉面积 200.71 万亩，未来还将发展节水补灌面积

129.5万亩。大规模的农业灌溉使当地的农作物种植告别了之前的靠天吃饭，不断稳产增产，产生了巨大的经济效益。例如，盐环定灌区，灌区粮食产量由开发前的4010t增加到2010年的26.66万t，农民人均纯收入由开发前的338元增加到3669元。另外，宁夏中部干旱带近年发展工业势头迅猛，工业产值不断增加。最典型的如太阳山工业园区，近年逐渐发展成为重要的能源新材料工业基地，而其水源保障就是通过刘家沟水库供给的扬黄水资源。在发展工业的过程中，扬黄水资源的经济价值也不断得到提升。未来将进一步通过水权转换，使宝贵的扬黄水资源逐渐从低价值经济领域转向高价值经济领域，实现水资源的经济价值最优化。

在扬黄水资源产生直接经济效益的同时，扬黄水资源的利用还产生了多方面的间接经济效益。比如，利用扬黄水资源发展农饮安全工程，解决了多地的农民吃水难问题。在农村饮水问题未得到解决之前，大量的青壮年劳力被束缚在解决吃水问题上，无力去发展生产，严重制约农村经济发展和农民致富。农村饮水安全工程建成后，部分农村劳动力从以前找水、拉水、背水中解放出来，有更多的时间和精力外出打工或发展庭院经济和多种经营，增加了经济收入。据测算，通过实施农村饮水安全工程，户均年节省53个挑水工日，按每个工日50元计算，相当于产生经济效益265元。同时，解决农村饮水安全问题后，有效满足了农民生存和发展的基本要求，保障农民群众的身体健康，减少疾病。据典型调查，解决农村饮水安全问题后，宁夏中部干旱带项目区群众年户均节约医疗费开支250元。

此外，由于扬黄水资源通水，使当地经济发展的水资源保障水平大幅度提高，从而大大改善了投资环境，提高了投资吸引力，带来巨大的潜在经济效益。

2. 社会价值

宁夏中部干旱带农村地区幅员辽阔，人口众多，发展落后，文化水平较低。解决用水问题是农民群众需求最迫切、与农民群众生产生活最息息相关的问题。

扬黄水资源通水利用后，大大提高了抗旱减灾能力，不仅挽回了巨大的经济损失，而且在保障农村社会稳定方面发挥了积极作用，取得了巨大的社会效益。

依靠扬黄水资源，当地农民逐渐实现脱贫致富，地方政府的财政实力不断提高，医疗、教育、养老等社会事业发展迅速，农村各项公共服务水平不断提高，让广大群众实实在在分享到改革开放的成果。同时，通过组建用水户协会等方式引导农户参与水利工程建设和管理，使农民群众的参与意识、民主意识不断增强。通过解决革命老区、少数民族地区、边疆地区、贫困地区群众的用水困难问题，使农民群众对政府增加了信任和支持，使干群关系更密切，民族关系更和谐，社会更稳定，对于促进农村生产发展、提高农民生活质量、促进乡风文明、改善卫生环境、提高民主意识，推进社会主义新农村建设产生了深远影响。

3. 生态价值

水资源是组成生态环境的重要要素。长期以来，宁夏中部干旱带受制于水资源极度短缺，自然条件极其恶劣，风沙漫天，贫瘠荒凉。扬黄水使用后，通过对工程沿线发展灌溉，南部山区退耕还林，有效改善了当地生态环境，为百姓居住和发展生产提供了基本的生存环境。

通过合理利用扬黄水资源，宁夏中部干旱带开展生态环境保护建设，以小流域治理为重点，生物措施、工程措施和耕作措施综合运用，开展综合治理，保住水土，改善生态环境。比如盐池县 1996—1998 年在麻黄山乡进行的谢儿庄小流域综合治理，治理程度由 15.1% 提高到 59.9%，地表径流利用率由 16.96% 提高到 64.84%，近几年在青山乡进行的猫头梁生态建设综合治理工程，也同样取得了明显的防止水土流失、恢复草原植被的良好生态效果。

宁夏中部干旱带水资源极其紧缺，水资源是制约当地发展的最大短板。扬黄水资源的使用，大大促进了当地经济、社会发展，并显著改善了生态环境，使其初步摆脱了极端贫困落后的面貌，体现了扬黄水资源所发挥的巨大价值。今后一段时期，中部干旱带仍面临着彻底摆脱贫困，建成小康社会的巨大发展任务。在这一过程中，水资源依然是最关键的因素，虽然经济发展但可分配的水量不会增加，这就意味着当地水资源的相对稀缺性会越来越凸显。因此，要实现宁夏中部干旱带可持续发展，就必须千方百计提升水资源利用价值。水权转换是实现水资源更高利用价值的必然途径。首先，通过农业内部的水权转换，一方面提升原有农业生产经济效益，另一方面促使节水延伸补灌范围扩大，承接更多扶贫移民，体现出扬黄水资源的经济价值和社会价值。其次，通过农业向生活用水的转换，逐步促使城乡居民饮水安全得到全面解决，体现出扬黄水资源巨大的社会价值。再次，通过农业向工业用水的转换，促使当地工业快速发展，提升整体经济实力；取得较大经济价值。第四，通过水权转化过程中对生态用水的补偿，保证当地生态恢复和建设开展，取得较好的生态效益。

8.2　水权转让价格主要影响因素

影响宁夏中部干旱带水权转让价格的决定因素包括初始水权分配格局、扬黄灌区现状灌溉用水价格、节水投入、水权转让可能带来的风险程度、水权转让模式等。

1. 初始水权分配格局

水权转让价格受到市场供求关系的影响，而初始水权分配格局是影响水权转让市场供求关系的重要因素之一。

宁夏中部干旱带水资源短缺，经济社会发展完全依赖于限量分配的黄河过境水，《宁夏黄河水资源县级初始水权分配方案》（2009年）明确了宁夏中部干旱带初始水权分配格局。一直以来，宁夏中部干旱带农业用水占据用水总量的绝大部分。尽管方案根据《宁夏国民经济发展"十一五"规划纲要》和《宁夏节水型社会建设规划》等规划，通过综合采取灌区续建配套、种植结构调整、推广农业节水灌溉技术等节水措施，在各行业历史用水状况的基础上，适当提高了生活和工业用水的比例，降低了农业用水的比例，但农业用水比例仍超过90%。

在这样的初始水权分配格局下，发展节水补灌项目、发展工业、充分发挥能源优势、大力促进经济发展带来的新增用水需求，只能通过以农业节水为前提和基础的水权转让来满足。初始农业水权所有者是水权转让的供应方，但只有当水权转让的收益符合或者超出其预期时，才可能产生实施农业节水开展水权转让的动力，因此，水市场不太可能存在供大于求的情况。而新增用水需求方是水权转让的需求方，由于发展的需要，用水需求十分强烈，对于水权转让的积极性很高，但受经济能力的限制，对于水权转让的需求可能会被抑制，因此，宁夏的水权交易市场只可能根据水权受让方最终表现出来的水权转让动力的强弱，存在供不应求或者市场疲软两种局面。根据对宁夏经济社会发展趋势的判断，供不应求可能会成为水市场的主要表现形式，水权转让价格将可能较高。

2. 原水利工程供水成本费用（水价）

水利工程灌溉管理单位依靠收取供水水费来弥补供水生产成本、费用以及获得合理利润，依靠财政补贴弥补水费收入的不足，补足运行成本。扬黄灌区水权转让涉及多种形式，应具体情况具体考虑，在水权转让时充分考虑现状原水利工程供水成本费用（水价）的影响。

若为灌区内的水权转让，由于新的用水户将代替老的用水户缴纳水利工程供水水费，同时，若新老用水户的类型不同，缴纳的水费也会不同，因此，在水权转让价格中不应包含灌溉水费。需要说明的是，对于农业用水向非农业用水进行水权转让的，目前扬黄工程运行管理单位水费收入不能弥补工程运行成本由财政补贴的部分，应由水权受让方承担，政府应减少对相关水量的补贴。

当然，如只是农业用水户之间进行水票买卖，由于出让方获得水票时已经支付了灌溉水费，则受让方需将这部分费用支付给出让方。

当水权转让跨灌区（固海灌区和固海扩灌看作同一个灌区范围）进行时，原水利工程灌溉管理单位不再收取水利工程供水水费，但不能因水利工程灌溉管理单位供水总量的降低造成单方水供水成本费用和水价的上涨，进而造成其他用水户用水成本的增加，也不能因水费收入的减少而造成水利工程灌溉管理单位的亏损，因此，必须在水权转让价格中一次性弥补这部分费用，将原水利工程灌溉管理单位供水生产成本、费用和合理利润计入。

3. 节水投入

通过节水实现的水权转让，节水投入必须由水权受让方承担。一般地，农业水权转让存在放弃用水进行的水权转让和采取节水措施将节余水量进行水权转让两种情况。其中，后一种情况的水权转让，采取节水措施需要资金投入，包括节水工程、种植结构调整等各项投入，这些投入应计入水权转让价格。当然，这部分投入有可能直接由水权受让方进行投资，而不以水权转让价格的形式付给水权出让方，但必须包括在水权转让费用中。

根据前文的分析，宁夏中部干旱带水权转让中的水权转让方基本全部为农业水权拥有者，而这些农业水权拥有者必须采取各种节水措施，才能拥有节余水量可供转让。个别农业水权拥有者可能因各种原因不再耕种土地，但由于租赁土地给他人耕种是较好的选择，一般水权也将随土地流转而流转，不会全部结余下来。因此，对于宁夏中部干旱带而言，实施节水措施获得节余水量的投入是必不可少的。

而宁夏中部干旱带的灌溉面积大多位于高扬程地带，实施节水措施的成本较高，由此带来节水工程的运行维护费用也较高，因此，节水投入会使扬黄灌区水权转让的价格大幅度提高。

4. 水权转让可能带来的风险

水权转让可能带来出让方、受让方及第三方的用水风险，用水风险的程度会对水权转让价格造成影响。对于宁夏中部干旱带而言，由于初始阶段水权转让的出让方必然是农业用水户，而受让方可能为工业用水户或者城镇生活用水。由于农业用水的用水保证率较低，而工业用水和城镇生活用水要求的用水保证率较高，在农业用水向工业用水、城镇生活用水转换的时候，必然要考虑水权转让可能带来的风险，如果要规避用水风险，势必会降低别的农业用水户的用水保证率，必须对其进行补偿，那么补偿的资金也必然要包括在水权转让价格中。

5. 水权转让模式

不同的水权转让模式，水权转让的价格不同。如对于农业用水向工业用水转换，水资源的价值将有所增加，且供水保证率也有所提高，水权转让价格将高于向其他用水转换的价格。而保有水权转让期限较长，实际取用水权转让期限较短，因此，保有水权转让的价格肯定高于实际取用水权的转让价格。

8.3 水权转让价格定价原则

宁夏中部干旱带水权转让价格的确定要遵循以水权转让成本费用为基础的原则、民主协商的原则、利益相关者参与的原则、政府监管的原则、政府调控和市场调节相结合的原则。

1. 以水权转让成本费用为基础的原则

宁夏中部干旱带水权转让成本费用包括交易费用、工程设施成本、损失的机会成本、水权转让收益和税金等。水权交易是市场行为，当事双方本着平等、自愿的原则形成契约关系，水权转让价格是通过协商后双方均可接受的价格，应以水权转让成本费用的合理测算为定价依据。其中，交易费用、工程设施成本应以实际发生为准，损失的机会成本应以市场平均的机会成本为准，税金是根据国家相关法律规定计算，这4项成本费用基本都可以通过客观的方法测算得到。水权转让收益是人为决定的，体现了供需关系，但应限制在合理水平，过高的收益会导致价格虚高，过低的收益会导致水权转让者动力不足。因此，在宁夏中部干旱带水权转让过程中，水权转让价格应以实际发生的交易费用和工程设施成本、市场平均的机会成本、合理的水权转让收益、实际发生的税金作为定价基础。当然，如部分成本费用由受让方直接支付给第三方，则这部分费用会不计入价格。

2. 民主协商的原则

只有水权转让的价格在水权转让方和水权受让方的可接受范围内，水权转让才能成功。但是水权转让方和受让方是博弈的关系，对价格的期望肯定是不同的，转让方希望价格越高越好，其可接受价格有一个最低限（S_{min}），受让方则希望价格越低越好，其可接受价格有一个最高限（B_{max}）。如果 $B_{max} \leqslant S_{min}$，则无法成交；如果 $S_{min} \leqslant B_{max}$ 则有可能成交，成交价（T）一定要满足 $S_{min} \leqslant T \leqslant B_{max}$。宁夏中部干旱带在水权转让开始阶段，一定是农业水权转让，水权出让方在水权转让中处于较为弱势的地位，因此，水权转让的定价必须通过协商的方式确定，要杜绝发生强买行为。

3. 利益相关者参与的原则

除了水权转让方和水权受让方外，宁夏中部干旱带水权转让涉及的利益相关者，还包括政府及水行政主管部门和遭受影响的第三方。第三方可能是生态、环境，也可能是灌溉管理单位和个人，还可能是其他用水户。水权转让价格要包含对第三方损害进行补偿的部分。对于宁夏中部干旱带，由于扬水工程水价会因为水量的减少造成供水价格成本的上涨，如果水价上调，则造成其他用水户的损害，如水价不变，则造成三大扬黄管理处、各村管水组织或个人因水费收入减少而遭受损害，他们便是必须进行补偿的第三方。因此，要在水权转让价格中保证这部分费用，必须由受到损害的第三方参与到定价中去。

4. 政府监管的原则

宁夏中部干旱带的水权转让的开始阶段基本上都是农业用水转换，由于农户在用水转换交易中是弱势群体，政府要加强在定价过程中的监管作用，保证农业用水转换实施过程中农民的利益不受侵害。另外，也要防止在用水需求大于供应的情况下出现价格不合理现象，保护受让方的利益不受损害。

5. 政府调控和市场调节相结合的原则

为了保证水权转让价格的规范性和合理性，宁夏中部干旱带水权转让价格应由政府规定定价办法和各项成本费用的测算方法，特别是对水使用权收益进行限定，给出最高限，政府还可以通过限制水权转让的最高价格和最低价格区间，避免水权转让方牟取暴利，也避免作为水权转让方的农业用水户由于水权转让价格较低而造成损失。在政府指导的价格范围内，水权转让的价格由市场决定，供大于求则价格下跌，供小于求则价格上涨。

8.4　水权转让费用构成和确定方法

详细梳理国家相关政策法规，明确水权转让费用构成和确定的相关依据，在此基础上，按照水权转让价格的主要影响因素和定价原则，分析水权转让费用构成的各组成项，并逐项明确费用确定的方法。

8.4.1　相关依据

1. 《水利部关于水权转让的若干意见》（2005 年 1 月）

2005 年 1 月，水利部下发了《水利部关于水权转让的若干意见》，明确指出水权转让费是指所转让水权的价格和相关补偿。水权转让费的确定应考虑相关工程的建设、更新改造和运行维护，提高供水保障率的成本补偿，生态环境和第三方利益的补偿，转让年限，供水工程水价以及相关费用等多种因素，其最低限额不低于对占用的等量水源和相关工程设施进行等效替代的费用。水权转让费由受让方承担。水权转让费应在水行政主管部门或流域管理机构引导下，各方平等协商确定。

2.《水利工程供水价格管理办法》(2003 年 7 月)

2003 年 7 月，国家发展和改革委员会和水利部联合发布了《水利工程供水价格管理办法》(以下简称《水价办法》)，该办法于 2004 年 1 月 1 日开始施行。

根据《水价办法》，水利工程供水水价由供水生产成本费用、利润和税金构成。供水生产成本是指正常供水生产过程中发生的直接工资、直接材料费、其他直接支出以及固定资产折旧费、维护费、水资源费等制造费用。供水生产费用是指为组织和管理供水生产经营而发生的合理销售费用、管理费用和财务费用。利润是指供水经营者从事正常供水生产经营获得的合理收益，按净资产利润率核定。税金是指供水经营者按国家税法规定应该缴纳并可计入水价的税金。

3. 其他可参考的相关政策

根据《水利部关于内蒙古宁夏黄河干流水权转让试点工作的指导意见》(2004 年 5 月)，水权转让价格为：水权转让总费用/(水权转让期限×年转换水量)。其中，水权转让总费用包括水权转让成本和合理收益。同时还规定，水权转让总费用要综合考虑保障持续获得水权的工程建设成本与运行成本以及必要的经济补偿与生态补偿，并结合当地水资源供给状况、水权转让期限等因素，合理确定。

8.4.2 费用构成

水权转让成本费用构成包括市场交易成本、政策性交易成本、原水利工程供水成本(水价)、损失的机会成本、工程设施投入成本、行政性交易成本及水权转让收益等。

1. 市场交易成本

市场交易成本包括交易双方发布和收集有关水权交易的信息所产生的费用、双方讨价还价的费用等，这一交易成本直接关系到交易双方的利益得失，因而其高低大小将直接影响到水权交易的活跃程度。

2. 政策性交易成本

政策性交易成本是根据现有法律法规的要求，为防止对水权拥有者造成损失、破坏水环境、对第三方造成负面影响，按照相关法规需要付出的经济补偿或代价，包括对于卖水者（农民）利益的补偿、对于生态环境的补偿、对于第三方利益的补偿等，由买主承担。《水利部关于水权转让的若干意见》明确规定："因转让对第三方造成损失或影响的必须给予合理的经济补偿"。同时还规定："对公共利益、生态环境或第三方利益可能造成重大影响的不得转让"。政策性交易成本是水权转让费用的重要组成部分。

3. 原水利工程供水成本（水价）

原水利工程供水成本是水权转让方获得水权必须偿付的支出。灌区内的水权转让，若出让方尚未支付当期水费，则由受让方直接向相关单位缴纳，而不将原水利工程水价计入水权转让水价。若出让方支付了当期水费（在宁夏中部干旱带水权转让初期只包含农民之间进行水票买卖一种情况），则在水权转让水价中要计入灌溉水价。不同灌区之间的水权转让，水权转让费用中应包括原水利工程供水成本费用和合理利润。

4. 损失的机会成本

水权持有者转让水权，将放弃原本通过自己用水浇地可以获得的收益，放弃的用水量可以产生的最高价值就是水权转让的机会成本。这笔成本，水权持有者在与受让方进行利益博弈时会加以考虑，损失的种地收益会在转让价格中得到合理体现。严格地讲，它应计入水权转让收益中，这里只是将它显现出来。

5. 工程设施投入成本

工程设施成本即水权受让者为获得用水而必须配备相应的工程设施所付出的成本，它主要包括两个部分，即输配水设施成本和节水投入成本，有时也包括水源设施成本。输配水设施成本包括输配水工程建设或改造及日常运行维护费用。节水设施成本即通过节水转让结余下来的水所付出的节水工程建设和运行的费用。当通过放弃用水的方式对水权进行转让时，不存在节水投入成本。

6. 行政性交易成本

行政性交易成本是向水市场管理机构缴纳的管理费（主要用于补充该机构运行经费的不足）等，用于水权市场的建设和管理，是执行、监督、维护交易所支付的成本，包括安装计量器具、实地测量费用、核计核算、办理相关手续等所支付的费用，由买主承担。

7. 水权转让收益

水权出让方因出让水权应获得的合理收益。

8.4.3 确定方法

8.4.3.1 市场交易成本 A

买卖双方都会因寻找交易对象、进行协商和谈判等发生市场交易费用，双方的市场交易成本要分别核算，但只有出让方的市场交易成本要计入最终的水权转让价格。

1. 水权转让信息费 A_1

对于宁夏中部干旱带，建议由政府出资搭建水权转让的网络交易平台，有意愿出让或者受让水权的均在此平台上登记、查询、寻找交易方。这样可以降低双方从无序市场上寻找交易对象而产生的交易成本。政府搭建该交易平台的费用建议不再收回。该平台的运行维护费通过水权转让信息费的形式收回。每登记一笔水权出让或者受让需求信息，收取一笔费用，登记时收取。水权出让方支付的水权登记信息费用，在水权转让时，由受让方支付给出让方。水权转让信息费应在交易平台建成后进行测算，测算方法为

$$A_1 = A_{11} + A_{12}$$

其中

$A_{11} =$ 水权交易平台年运行维护费/年度实际收取信息费的条数 $\times$
水权转让使用的水权出售信息条数

$A_{22} =$ 水权交易平台年运行维护费/年度实际收取信息费的条数

式中　　A_{11}——水权受让方应支付给水权出让方的水权转让信息费；

　　　　A_{22}——水权受让方直接缴纳给交易平台的水权转让信息费。

在运行初期，可以对水权交易平台年运行维护费进行测算，对年度实际收取信息费的条数进行估算。在运行一段时间后，可根据运行的具体情况调整此项费用。

2. 水权转让成本费用测算费 A_2

如由水权转让双方自行进行费用测算，该笔费用基本属于人力资源成本，在费用测算阶段可暂不考虑。如委托第三方进行测算，则由政府进行定价，由水权受让方支付。

3. 价格协商费 A_3

这部分费用的高低很难计算，这部分价格对于民间交易而言基本只存在人力资源成本，在费用测算阶段可以暂不予计算。

8.4.3.2 政策性交易成本 B

政策性交易成本是根据现有法律法规的要求，为防止对水环境等其他第三

方的伤害，而按照相关法规需要付出的经济补偿或代价，包括对于水权出让方的补偿、对于生态环境的补偿、对于第三方利益的补偿等，由受让方承担。

1. 生态补偿费 B_1

生态补偿费是在审批环节来把关的。在审批环节，首先要看该水权转让对生态的影响如何，是否会产生不可逆的严重影响，如果是则不能批准该水权转让行为。如果影响是可控的，但会对第三方造成一定损害，则对第三方的损害赔偿要视情况而定。一般而言，有

灌区减少的生态用水量＝灌区综合灌溉入渗补给系数×转让水量

灌区年生态补偿费＝年减少的生态用水量×（年均单位面积绿洲建设管理费用/

单位面积绿洲年蓄水量）

＝灌区综合灌溉入渗补给系数×转让水量×

（年均单位面积绿洲建设费用/单位面积绿洲年需水量）

B_1＝灌区年生态补偿费×转让年限

2. 农灌风险补偿费 B_2

B_2＝年单方水产值×水利分摊系数×农业风险补率×转让水量×转让年限

其中，灌区现状单方水粮食产量为 0.753kg/m^3，产值约 0.88 元$/\text{m}^3$。根据规范要求，干旱地区的水利分摊系数按 0.6 取值。

农业风险补偿率＝统计分析时段内年缺水量之和/

（年转让水量×统计分析时段年数）

3. 对其他第三方损害的补偿 B_3

视具体情况而定。

8.4.3.3　原水利工程供水成本 C

1. 现状灌溉水费 C_1

C_1＝物价局规定的现状灌溉水价×转让水量×转让年限

2. 原水利工程供水成本费用与现状灌溉水费差价 C_2

C_2＝［扬水工程供水成本费用（含水资源费、水利工程供水成本、费用、利润和税金）

－现状灌溉水价］×转让水量×转让年限

其中，农业用水与工业用水、城市用水的水资源费也不同，产生的费用差通过上述公式计入。

说明：C_2 只在不同灌区之间进行水权转让才计入。

8.4.3.4　损失的机会成本 D

宁夏中部干旱带农业水权转让的机会成本为农民损失的相应用水种地收益。

$D=$农民使用农业水权的年单方水产值×水利分摊系数×转让水量×转让年限

其中，农民使用农业水权的年单方水产值以灌区转让当年的平均值为基础，考虑转让年限内一定的增长率。目前灌区现状单方水粮食产量为 $0.753kg/m^3$，产值约 0.88 元$/m^3$。

根据规范要求，干旱地区的水利分摊系数按 0.6 取值。

8.4.3.5　水权转让涉及的工程建设及运行维护成本 E

宁夏中部干旱带水权转让涉及的工程建设及运行维护成本包含两种可能：一种是节水工程建设及运行维护费；另一种是新建输水工程建设及运行维护费。如这部分费用直接由水权受让方支付，则不计入水权转让水价。

1. 节水工程建设及运行维护费 E_1

（1）节水工程建设费 E_{1a}：

$$E_{1a}=渠道更新改造工程投资+田间节水工程投资$$

（2）节水工程运行维护费 E_{1b}：

$$E_{1b}=节水工程建设总费用×百分比×转让年限$$

（3）节水工程更新改造费 E_{1c}：根据更新改造需求计算。

说明　对于宁夏中部干旱带的水权转让有两种情况：一种情况是转让弃用水，这种情况下不存在节水投入成本；另一种情况是转让节水，这种情况下节水成本必须计入水权转让费用，节水成本包括节水工程建设和运行费用、更新改造费等。

2. 新建输水工程建设及运行维护费 E_2

如果需要新建输水工程，则要测算输水工程建设与运行维护费。

（1）输水工程建设费 E_{2a}：为实际发生的费用，如征地费、渠道或管道建设费等。

（2）输水工程运行维护费 E_{2b}：

$$E_{2b}=输水工程建设总费用×百分比×转让年限$$

（3）输水工程更新改造费 E_{2c}：根据更新改造需求计算。

8.4.3.6　行政性交易成本 F

行政性交易成本包括向水市场管理机构缴纳的管理费（主要用于补充该机构运行经费的不足）等，建议由买主承担，直接将费用支付给相关管理机构。农民间的水票交易不计入此项费用。在水权转让初期，为促进水权转让，可以象征性征收少量的交易成本，或者不收取。

8.4.3.7　水权转让收益 G

水权转让收益有多种计算方式。

$G=$ 区域水资源平均开发成本×(政策性影响系数+区域水资源丰度影响系数)

政策性影响系数反映国家资源开发政策及自然资源价格变动对区域水资源开发利用的影响程度；区域水资源丰度影响系数反映区域水资源紧缺程度对区域水资源开发利用的影响程度（可以区域人均水资源量与全国人均水资源量之比作为基础参数）。

农业用水转换为生态用水或城镇居民生活用水，效益难以进行准确的货币化，但对保障和提高人民的生活福利具有重要作用。对这类期限较短的水权转让价格或临时水权转让价格，可由政府作为受益地区群体的代言人，设定一个微利的供水收益率来确定合理收益。

农业用水转换为经营性用水（工业生产用水、第三产业用水等），也可用下列计算公式进行计算，即

$G=$（由于缺水造成工业企业和其他经营性企业的生产和经营的经济损失
　　　+由于用水的转让使该地区农业减少的经济损失）×合理收益系数

第 9 章

延伸区补灌工程管理体制、运行机制与管理制度

目前延伸区补灌工程项目区已基本建成。经济作物亩均增产 18%，亩均耗水量比传统灌溉方式减少 4/5，并且在干旱带核心区形成了 40 万 km² 的人工绿洲，改变了当地农民千百年来靠天吃饭、广种薄收的局面，实现了经济效益和生态效益双赢。对于延伸区补灌工程而言，针对现有工程管理模式，分析管理中存在的问题，探索建立中部干旱带高效节水补灌工程的管理模式和良性运行机制，以保证高效节水补灌工程的良性运行和效益可持续发挥起着非常重要和关键的作用。

9.1 现有补灌工程管理方式与管理问题分析

根据对扬黄延伸区补灌工程管理情况的分析，目前延伸区补灌骨干工程主要有供水公司、水投公司管理两种管理方式，田间配水工程一般有种植公司、种植大户、村集体统一管理 3 种管理方式。总体来看，补灌工程的管理主体多样化，不同管理主体有着不同的利益诉求，用水户已经不同程度地参与了补灌工程的管理，只是参与的力度和深度各不相同。

9.1.1 补灌工程管理方式分析

1. 补灌骨干供水工程的管理方式

补灌骨干供水工程是从扬黄工程直开口引水（扬水）至泵站，再从泵站扬水到蓄水池，主要设施包括泵站、输水管线、蓄水池、通信、主控阀井及其计量设施等，工程产权属国有资产。在这个环节，具体工程管理方式有以下几种：

（1）由政府或水务局成立供水公司进行管理。由县政府或县水务局成立供水公司对节水补灌工程进行统一管理，但运行费由政府财政补贴，并不是真正企业化的管理。在调研的补灌工程中，中卫市永大线、中宁县补灌工程具有代

表性。水务局成立供水公司进行管理示意图如图9-1所示。

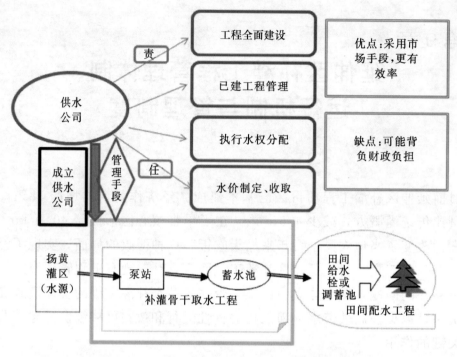

图9-1　水务局成立供水公司进行管理示意图

特点：一是管理主体比较明确，由水务局或供水公司承担管理责任；二是管理经费有保障，管理经费由财政负担，解决了工程初期的运行管护问题；三是管理人员能力较强，管理人员有一定的专业基础，管理责任心较强。

局限性：一是"由财政负担工程的运行管理经费"只是补灌工程在建设期与运行期过渡期的一种特殊方式，并没有建立长效的工程管理经费来源；二是政府对供水公司也并不能提供足额的补贴。补灌工程及节水灌溉设施的建设、管理都由政府负责，用户只负责种植，并不参与管理。如何实现工程的可持续运行仍是今后面临的一个问题。

（2）水投公司管理。由政府成立水投公司负责建设补灌工程并对补灌工程进行维护管理。水投公司是补灌工程投资与建设的主体，直接参与补灌工程的建设与工程运行管理，包括补灌工程水价的制定等。水投公司管理示意图如图9-2所示。

特点：一是管理主体比较明确，由水投公司承担管理责任；二是管理人员能力较强，管理人员有一定的专业基础，管理责任心较强。

局限性：补灌工程运行初期工程的经营状况并不好，工程的维修养护经费没有来源。

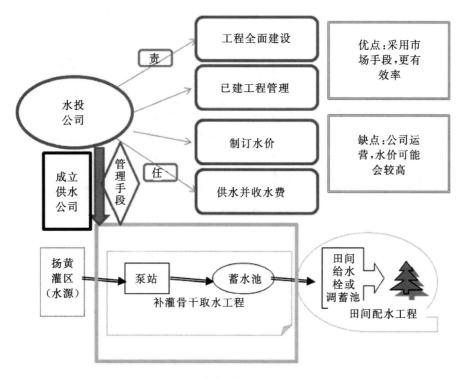

图 9-2 水投公司管理示意图

2. 田间配水工程的管理方式

（1）专业种植公司管理。专业种植公司有两种：一种是政府相关部门成立的种植公司；另一种是承包土地的种植公司，如中卫市永大线工程采用的就是林业局成立的种植公司管理模式。其他区域多为承包土地种植公司管理。专业种植公司管理示意图如图 9-3 所示。

特点：一是管理主体比较明确，管理责任明晰，种植公司是工程的管理主体，同时承担着补灌工程管理与作物种植、经营的双重责任，公司的利益与土地的收益相挂钩，因此，种植公司对于通过种植作物经营收益来维持工程的管理是非常重视的；二是节水效果比较明显，土地集约化管理后，种植公司将农民的土地统一管理、统一种植，在一定程度上能够实现高效节水的目的。总体看来，专业种植公司管理模式基本能实现较好的管理效果。

（2）村集体管理。在土地没有进行流转、专业公司没有参与进来的地方，传统的村集体管理方式依然是一种重要的管理方式，这种管理方式还会在宁夏存在一段时间。同心县兴隆乡的王大套子补灌工程、盐池县杨家圈补灌工程采用的就是这种模式。村集体管理通常采用选举农户代表的方式对田间节水灌溉工程进行管理。村集体管理示意图如图 9-4 所示。

特点：一是田间补灌设施的管护主体明确，用水户直接参与补灌设施的维

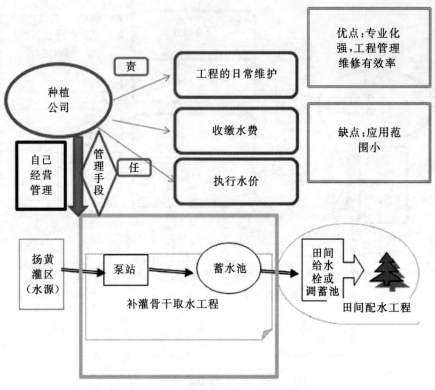

图 9-3　专业种植公司管理示意图

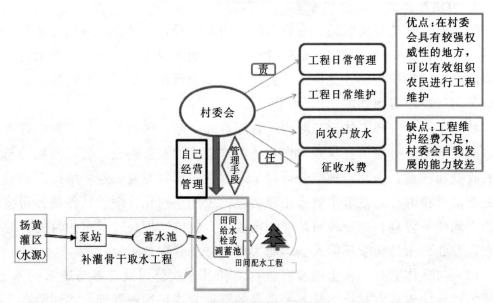

图 9-4　村集体管理示意图

护与管理；二是田间节水补灌设施按照"谁受益、谁维护"的原则由受益户自己来维护，补灌设施的维护和管理较好，解决了田间灌溉设施维护主体缺位的问题。

局限性：一是村集体管理仅仅是履行工程的管护责任，并不具备农业种植、经营的综合管理能力；二是节水补灌工程持续运行的经费没有来源。

（3）种植大户管理。在政府投资建设补灌工程背景下，工程建设后，一些农民采用承包的方式将土地从单个农民手中流转过来，成为种植大户并进行经营管理。这种管理模式在扬黄延伸区补灌工程中采用较多，如原州区南城拐子、盐池县王乐井等节水补灌工程就采取这种管理模式。种植大户经营管理示意图如图9-5所示。

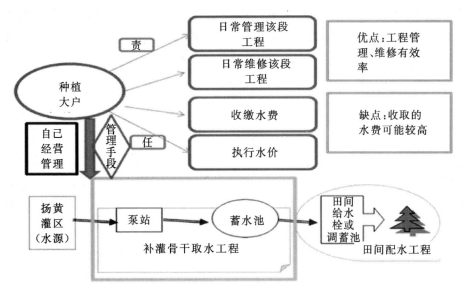

图9-5　种植大户经营管理示意图

特点：一是管理主体比较明确，管理责任明晰，种植大户是工程的管理主体，同时承担着补灌工程管理与作物种植、经营的双重责任，自身的利益与土地的收益相挂钩，因此，种植大户对于通过种植作物经营收益来维持工程的管理是非常重视的；二是节水效果比较明显，土地集约化管理后，种植大户将农民的土地统一管理、统一种植，在一定程度上能够实现高效节水的目的。总体看来，种植大户的管理模式也基本能实现较好的管理效果。

局限性：种植大户付给老百姓的土地转让费是一次性的，并不会随着企业的效益增加而变化，并且转让费是有差异的。例如，在下马关地区，种植不同的作物流转费不同，有的是一亩地100元（普通作物），有的是一亩地600多元（花卉等）。当耕地收益出现较大幅度增长的时候，老百姓就会产生心理上的不平衡。

9.1.2　补灌工程管理存在的问题分析

（1）补灌工程定性不明。中部干旱带高效节水补灌工程的任务是解决受水区特色产业补灌问题，从功能上讲具有经营性特征，可以获得一定的收益。但由于中部干旱带水资源匮乏，工程为补灌性质，补灌用水量少，供水周期短，只有 4 个月的供水，很难维护工程正常的开支和费用。从国家扶农政策，特别是从以人为本、社会主义新农村建设和构建和谐社会的因素考虑，补灌工程承担着公益性和经营性双重任务。然而，目前对于补灌工程并没有明确的定性。

（2）补灌工程的管理体制尚未建立。目前，扬黄延伸区的补灌工程正处于建设与运行交接的阶段，没有确立明确的管理体制和运行机制，骨干供水工程主要由水务局代管，而骨干供水工程以下，管理主体并不明确。没有与相应的责、权、利相匹配的各级管理机构，这是目前延伸区工程管理中遇到的最大问题。延伸区补灌工程采用的几种管理模式，工程的管理主体大多不够明确。对于政府成立公司管理的模式，建设期的管理主体是明确的，也有明确的经费来源，但当工程建成后，工程由谁管理还不很明确；种植公司或大户承包管理的模式，工程的所有权与经营权是分离的，其中工程的经营权是以合同形式固定下来的，企业考虑更多的是土地的经营收益，工程的维护与企业并没有建立直接的联系，导致工程管理主体不明确；行政村集体管理的模式，工程管理好坏很大程度上取决于村集体领导班子的素质和村民参与的程度，一旦村集体领导班子管理粗放，就会造成工程管理主体不明确、管理缺位。

（3）补灌工程良性运行的水价机制没有形成。合理的水价是保证节水补灌工程良性运行的关键。工程供水价格是否合理，直接影响了工程的运行管理状况。目前已经运行的补灌工程，对于工程的水价定价还没有形成合理的机制。有的工程，暂时没有对供水收取水费；有的工程，供水价格是由灌区管理单位与公司协议制定；有的工程，只对移民工程收取 1 元/m³ 的优惠水价，不足部分由政府财政补贴。总之，补灌工程的水价定价还没有形成一套合理的定价机制，难以保证工程的良性运行。

（4）工程的维修养护经费没有稳定的资金来源。补灌工程定性不清，造成工程运行管理及维修养护缺乏稳定经费来源。工程运行初期，由国家财政补贴尚能维持工程的运行，企业、大户、农户等都没有充足的资金来进行管理维护。如果没有稳定的维修养护经费来源，届时工程将会变成为一堆破铜烂铁，即便带病继续运行的话，也会严重影响补灌工程的效益。

（5）用水户缺乏参与工程管理的积极性。用水户对参与工程管理的重要性认识不足，也缺乏参与工程管理的积极性。如下马关地区，配套的滴灌设备是由设备供应商进行安装并完成第一年的维护。由于节水灌溉设施的管理与维护与农民没有直接的关系，滴灌带经常随意堆放、损坏严重。长期下去，滴灌设备将面临全部报废的局面。

（6）基层水利组织的能力建设不足。目前，补灌工程中采用的一些先进的灌溉技术并没有发挥作用。由于基层技术服务体系不健全，工程建成以后，没有人对农民如何使用和维护相关设备等进行指导，造成农民不会使用灌溉设备。特别是当一些设备损坏后，农民不会修理也找不到地方去修理。这就造成先进的灌溉设备难以发挥作用，影响了灌溉工程效益的发挥。

9.2 补灌工程管理体制设计

扬黄延伸区补灌工程自 2008 年开始建设，目前大部分高效节水补灌工程已建成并发挥效益，如何管好、用好这些工程，对于中部干旱带群众的生产、生活至关重要。由于目前补灌工程的利益相关者较多，为了实现补灌工程的可持续利用和工程充分发挥效益，需要切合实际，根据延伸区经济社会发展对水资源的客观要求，探索建立补灌工程的管理体制。

9.2.1 补灌工程的利益相关者分析

根据实地调研，由于补灌工程管理模式各异，工程管理的主体也不同，尤其是不同的工程环节，其管理主体也不同。扬黄延伸区补灌工程中的相关利益者主要有地方政府、扬黄工程管理单位、水务局、水务投资公司及种植大户（公司及大户）、用水户协会及用水户，具体如图 9-6 所示。

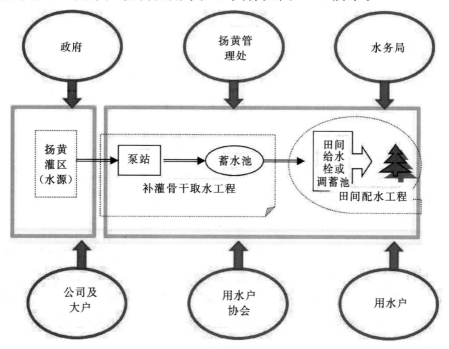

图 9-6 扬黄延伸区补灌工程的利益相关者

1. 地方政府

市、县级政府在延伸区补灌工程建设中发挥着主导作用，主要行使行政管理权，负责工程建设和管理、水权的分配以及水价的制定。

2. 扬黄工程管理处

扬黄工程管理处对下级单位有一定的行政管理权，负责向下级单位供水以及辖区内灌溉水费的征收。

3. 地方水务局

市、县级水务局作为补灌工程建设与管理的主要牵头单位，执行政府的决定，负责扬黄补灌工程的规划、设计、指导和监督实施。通常，水务局负责建设或管理从泵站到骨干取水工程这段区域。水务局的责任主要有：组织力量对补灌工程的骨干工程进行建设；指导各乡镇的水权分配，执行水价政策；编制用水计划、核定用水指标，将用水指标分解到乡镇及农户。水务局对地方政府关于扬黄补灌工程管理和建设有知情权。

4. 专业种植公司

专业种植公司包括林业局成立的种植公司或承包土地的种植公司两种。专业化种植公司在补灌工程管理上的责任主要有：选择作物的类型并及时进行调整；补灌工程田间配水工程及节水灌溉设施的维护管理；执行补灌工程水价；收缴补灌工程水费，并上交给供水单位。

专业种植公司对地方政府、水务局和扬黄工程管理处关于补灌工程运行维护、水价制定和水权分配等有知情权和监督权，同时也有一定的经营管理权。

5. 用水户协会

用水户协会主要参与田间配水工程的维护与管理，负责收缴水费并上交给供水单位，对地方政府、水务局和扬黄工程管理处关于扬黄补灌工程的建设和管理、水价制定和水权分配等具有知情权和监督权。

6. 种植大户

种植大户主要参与农作物的种植与经营、田间配水工程的管理，对地方政府、水务局和扬黄工程管理处关于扬黄补灌工程的建设和管理、水价制定和水权分配等具有知情权和监督权。

7. 农户

农户主要参与补灌工程田间配套环节的运行及维护。对地方政府、水务局和扬黄工程管理处关于扬黄补灌工程的建设和管理、水价制定和水权分配等具有知情权和监督权；有权选举他人组建用水户协会，并直接参与田间配套工程维护以及水费收取等事务的决策，有权决定自己的种植结构和灌溉面积，上交水费，合理用水。

9.2.2 几种可供选择的模式

延伸区节水补灌工程在不同运行期的管理模式是不同的。随着我国不断出现的新型生产经营主体和经营方式，也必将会有家庭农场、农民合作社等经营主体的加入。因此，延伸区节水补灌工程随着时间的推移，不仅要进行高效节水灌溉，而且其运行管理模式也要由近期逐步向远期理想状态过渡。各地应根据具体情况，因地制宜选择适合的补灌工程管理模式。

根据前面的分析，考虑到新形势和未来农村经营体系的变化情况，本书提出了几种可供选择的管理模式，并对每种模式进行了比选。

1. 节水补灌工程的水源工程

补灌工程的水源工程由扬黄工程管理处负责管理。在这种管理方式下，工程的管理主体及管理责任都是明晰的，也有利于扬黄灌区与补灌区水源的配置与调度。为此，节水补灌工程的水源工程仍延续扬黄工程管理处管理的模式。

2. 节水补灌骨干取水工程

（1）模式一："供水公司"管理模式。供水公司是水务局下设公司，负责骨干取水工程的运行管理。

优势：一是由水务局或供水公司承担管理责任，工程的管理主体比较明确；二是管理经费由财政负担，管理经费有保障，能够解决工程初期的运行管护问题；三是管理人员有一定的专业基础，管理能力和责任心较强；四是供水公司与水务局的联系紧密，信息畅通，可以对节水补灌工程进行技术指导和管理。

劣势：一是"由财政负担补灌工程的运行管理经费"只是工程建设向运行过渡时期的一种特殊管理方式，并没有建立长效的工程管理经费来源，如何实现工程的可持续运行仍是今后面临的一个问题；二是农民用水户只负责种植，对于节水灌溉设施只用不管，对于节水灌溉设施不爱护。

（2）模式二："水投公司"管理模式。水投公司直接参与节水补灌工程的建设与工程建后的运行管理。

优势：一是由水投公司承担管理责任，工程的管理主体比较明确；二是管理人员有一定的专业基础知识，管理能力和责任心较强；三是水投公司既是补灌工程的用水户，同时也是工程的管理者，真正实现"用管"一体化，有利于工程的维护与管理。

劣势：节水补灌工程运行初期工程的经营状况并不好，工程的维修养护没有稳定的经费来源。

3. 田间配水工程

（1）模式一："专业化种植公司"管理模式。田间配水工程由专业化种植公司管理，专业化种植公司有林业局成立的种植公司或承包土地的种植公司两种形式。

优势：一是管理主体比较明确，管理责任明晰。种植公司是工程的管理主体，同时承担着节水补灌工程管理与作物种植、经营的双重责任，公司的利益与土地的收益相挂钩，因此，种植公司对于通过种植作物经营收益来维持工程的管理是非常重视的。二是管理人员有一定的专业基础知识，技术水平较高，管理责任心较强。无论是林业局成立种植公司还是承包土地的种植公司，都具有较强的专业性、技术性；熟悉农作物的种植、产销，有利于实现农作物的产销一体化，便于农作物的种植结构调整和及时改变销售策略。三是公司的抗风险能力比较强，经营状况比较好，有一定的资金实力对节水灌溉工程进行维修和养护。四是节水效果比较明显。土地集约化管理后，种植公司将农民的土地统一管理、统一种植，在一定程度上能够实现高效节水的目的。总体看来，专业种植公司管理模式基本能实现较好的管理效果。

劣势：这种管理模式的应用范围有一定局限性，只限于在成立了种植公司的地方。

（2）模式二："种植大户"管理模式。田间配水工程由种植大户负责管理。通常，种植大户承包多个农民的土地，其作物种植面积和灌溉用水量都远大于普通农户。

优势：一是管理主体比较明确，管理责任较为明晰。种植大户是工程的管理主体，同时承担着节水补灌工程管理与作物种植、经营的双重责任，种植大户的利益与土地的收益相挂钩，因此，责任心较强，对于作物种植及节水补灌工程的维护尽心尽责；能及时调整作物的种植结构。二是节水效果比较明显。土地集约化管理后，种植大户将农民的土地统一管理、统一种植，在一定程度上能够实现高效节水的目的。总体看来，种植大户的管理模式也基本能实现较好的管理效果。

劣势：一是种植大户付给老百姓的土地转让费是一次性的，并不会随着企业的效益增加而变化，并且转让费是有差异的。例如，在下马关地区，种植不同的作物流转费不同，有的是一亩地 100 元（普通作物），有的是一亩地 600 多元（花卉等）。当耕地收益出现较大幅度增长的时候，老百姓就会产生心里上的不平衡。二是维护经费不充足，且没有稳定的保障；种植大户的经营状况直接影响工程设备的管护，抗风险能力较差，一旦破产将直接影响到工程的运行和维护。

（3）模式三："村集体"管理模式。田间配水工程由村集体管理，通常由村委会组织村民选举管水员对工程进行管理，村民按照一定标准缴纳管理费。

优势：一是村委会具有一定的权威性，有能力组织村民采取"一事一议"的方式对节水补灌工程的维修养护进行管理；二是田间节水补灌设施的管护主体明确，用水户直接参与节水补灌设施的维护与管理；三是田间节水补灌设施按照"谁受益、谁维护"的原则由受益户自己来维护，节水补灌设施的维护和管理较好，有效地解决了田间灌溉设施维护主体缺位的问题。

劣势：一是村集体管理仅仅是履行工程的管护责任，并不具备农业种植、经营的综合管理能力；二是节水补灌工程持续运行的经费没有来源；三是缺乏专业技术人员对节水灌溉设备的使用及维护进行指导；四是管水员的利益与工程运行状况没有直接的关系，存在工程不能得到有效管理的风险。

（4）模式四："农民合作社"管理模式。田间配水工程由农民合作社负责管理。农民合作社是在农村家庭承包经营基础上，同类农产品的生产经营者或者同类农业生产经营服务的提供者、利用者，自愿联合、民主管理的互助性经济组织。农民合作社以其成员为主要服务对象，提供农业生产资料的购买，农产品的销售、加工、运输、储藏以及与农业生产经营有关的技术、信息等服务。其作物种植面积和灌溉用水量都远远大于普通农户。

优势：农民合作社的责任心较强，对于作物种植及节水补灌工程的维护尽职尽责；能及时调整作物的种植结构。

劣势：农民合作社的经营状况直接影响节水灌溉设施的管护，抗风险能力较差，一旦破产将直接影响到工程的运行和维护。

（5）模式五："家庭农场"管理模式。家庭农场是新型农业经营主体。"家庭农场"管理模式，是以农民家庭成员为主要劳动力，以农业经营收入为主要收入来源，利用家庭承包土地或流转土地，采用高效节水灌溉设施，从事规模化、集约化、商品化农业生产，同时对节水灌溉设施进行维护。

优势：家庭农场具有较强的专业性、技术性，有一定的资金实力对节水灌溉工程进行维修和养护；熟悉农作物的种植、产销，有利于实现农作物的产销一体化，便于农作物种植结构和产品销售策略调整，经营状况良好。

劣势：家庭农场的经营状况直接影响节水灌溉设施的管护，抗风险能力较差，一旦破产将直接影响到工程的运行和维护。

9.2.3 管理体制设计

1. 指导思想

以科学发展观为指导，全面落实 2011 年中央一号文件精神，以保障延伸区补灌工程的有效管理和持久发挥效益为目标，以体制机制建设为抓手，明晰工程产权，明确管理主体，落实管护责任，充分调动利益相关者参与工程管理的积极性和主动性，构建科学合理的补灌工程管理体制和运行机制，实现延伸区补灌工程的良性运行和效益持久发挥。

2. 基本原则

（1）坚持因地制宜、分类管理的原则。充分考虑各地的自然地理、经济、社会、水资源等条件，符合工程的特点及村镇发展的要求，构建不同的补灌工程管理体制。

（2）坚持产权清晰、责权一致的原则。按照"产权清晰、责权一致"的要求，明晰工程的所有权和经营权，落实管理主体，明确管理责任，提高工程的管理效率和效益。

（3）坚持用水户有效参与的原则。积极调动农民用水户参与补灌工程管理的积极性，让受益农户参与工程管理的决策、实施、监督等各个环节，对用水、节水中的问题进行民主协商、自主决策，建立农民用水户参与的民主管理模式、运行机制和监督机制。

（4）坚持激励与约束相结合的原则。采取激励措施，鼓励新型经营主体积极参与工程的运营管理；加强对工程运行管理的政府监管和社会监督，建立起各负其责、协调运转、有效制衡的激励和约束相统一的工程运行机制。

（5）坚持政府引导、市场化运作的原则。鼓励法人、其他组织参与工程管理，健全完善市场运作机制，进一步搞活经营权、落实管理权、保护收益权，不断提高工程管理和服务质量。

3. 总体思路

节水补灌工程建成后，管理问题是工程面临的最大难题，也是工程建设成败的关键。为了实现节水补灌工程的可持续利用和效益充分发挥，亟须通过构建"用水户参与管理"的管理模式，充分调动用水户自觉维护工程积极性和主动性，鼓励其直接参与到工程的运行管理中。"用水户参与管理"的核心是要使用水户成为补灌工程管理的主人，逐步参与到工程运行管理的所有领域。这里的"用水户"包括公司、大户、农民用水户及用水户协会等。"参与"可以理解为一种过程，包含从事事务的决策、规划、实施、管理等各个环节。"所有领域"包括工程的水费收缴、管理运行、维护以及整个系统的监测、评估。用水户不仅要监督水管单位的行为，还要接受政府、水管单位的监督，更重要的是接受其他用水户的监督。

4. 具体设想

延伸区节水补灌工程在不同运行期的管理模式是不同的。随着我国不断出现的新型生产经营主体和经营方式，也必将会有家庭农场、农民合作社等经营主体的加入。因此，延伸区节水补灌工程随着时间的推移，不仅要进行高效节水灌溉，而且其运行管理模式也要由近期逐步向远期理想状态过渡。考虑到水源工程由扬黄工程管理处管理的模式比较成熟，本书重点对骨干及田间配水工程的管理模式进行探讨。

（1）近期。补灌骨干取水工程。骨干工程多为国家投资，建成后工程的产权归当地水务局所有。通过对节水补灌工程不同管理模式的分析，为了减少制度变革的交易成本，建议骨干工程按照工程的产权主体进行管理，近期采用水务局下设供水单位进行管理的模式。

田间配水工程。工程运行初期，考虑到目前国家积极支持农业专业公司、农业合作组织发展的政策，同时考虑到节水补灌工程成片建设的特点，近期推荐"种植大户"或"专业种植公司"管理模式；在用水户协会发展较好的地方，"农民用水户协会"管理模式也可以作为考虑方案；不建议采用以单个农民管理模式。

（2）远期。从未来的发展趋势来看，扬黄延伸区节水补灌工程将逐渐向高效节水灌溉方向发展。高效节水实现了土地集约化管理和规模经营，将会带动农民用水者协会、农村经济合作社等合作组织的快速发展。党的十八届三中全会提出加快构建新型农业经营体系，推进家庭经营、集体经营、合作经营等共同发展的农业经营方式创新；2013年中央一号文件提出："继续增加农业补贴资金规模，新增补贴向主产区和优势产区集中，向专业大户、家庭农场、农民合作社等新型生产经营主体倾斜"。这对构建节水补灌工程管理模式提出了新的要求。

节水补灌骨干工程。新型管理主体的出现主要影响田间配水工程的管理，对于骨干工程而言，远期仍采用与近期同样的管理模式，即由水务局下设供水单位进行管理。

田间配水工程。考虑到目前国家积极支持农业专业公司、农业合作组织的发展，同时考虑到节水补灌工程成片建设的特点，远期田间配水工程的管理以"家庭农场"和"农民合作社"管理的模式为主。

9.3　补灌工程运行机制与管理制度建设

对于延伸区补灌工程，如何管好、用好节水工程，使之充分发挥效益，是补灌工程运行管理中必须解决的一个重要环节，也是衡量补灌工程得失成败的重要因素。而管好、用好的关键是要有健全的工程运行机制与管理制度。

9.3.1　建立农业灌溉节水设备管护机制

1. 明确管护主体

（1）建立相关的节水灌溉设备管护制度，明确节水设备的管护主体，落实管护责任。为避免只建不管、只用不管、用管脱节，本着谁受益、谁管护的原则，由水务局会同各镇人民政府结合各镇实际制定管护细则或制度，由各镇人民政府负责把设备的管护责任落实到受益村、农户或协会。设备使用管理要做到建管并重、管用并举、管护到位。

（2）加强田间节水灌溉设施的灌溉管理。由多个农户共同使用的节水灌溉设施，可在镇人民政府的指导下，成立由受益农户组成的高效节水灌溉设备使用管理协会或联合体。配备节水灌溉设施管护人。由乡村负责操作，确保田间正在使用的补灌设施分别配备一名以上的管护责任人，费用按照"一事一议"的原则协商决定。县水务局负责对田间补灌工程设施责任人的配备情况进行监督。

2. 加强对补灌工程设备的技术服务培训

扬黄补灌工程所在地的水管单位，要完善农业节水社会化服务体系。一是加强技术指导和示范培训，引导用水户积极和正确使用农业灌溉节水设备。水务局成立"高效节水灌溉设备技术服务队"，负责开展多种形式、多层次的技术培训，培养技术骨干，提高农户使用、维护运用高效节水灌溉设备的能力。二是建立节水设备维修点，可对经营维修点的单位和个人在税收等方面给予优惠。

9.3.2　建立补灌工程定额用水管理制度

以用水"总量控制，定额管理"为突破口，严格执行按计划定量供水，对超计划用水的实行累进加价。

1. 建立农业用水定额管理制度

实施农业用水定额管理不是"限制"用水，而是节约用水、科学用水。根据补灌区的实际情况，参照取水用水定额标准，确定延伸区补灌工程不同作物的基本用水定额，即单位面积的年用水量，可以近几年农业用水平均用水量为依据进行核算。

2. 建立超定额用水累进加价制度

水费作为市场经济条件下的价格杠杆，在强化人们的节水意识，促进人们主动节水中发挥着重要的作用。要逐步建立"农业用水定额按方计量水费、超定额部分累进加价收费"水价机制。

定额内用水。通过用水定额指标将取水的多少与自己的经济利益建立直接的联系，促进取水单位和个人以及用水户主动地对取水进行控制。在实现农业用水计量、明确农业用水定额的基础上，实行定额内用水享受优惠的水价。

超定额用水。超过用水定额要实行阶梯计费的水价制度，以实现农民减负和节约用水的双赢。例如，超过用水定额不同幅度实行不同的水价：

超定额20%以下，水价上浮20%。

超定额20%～40%，水价上浮30%。

超定额40%以上，水价上浮40%。

3. 实行"乡发卡、村充值、刷卡浇地"的管理机制

具体地讲，乡发卡，就是由乡政府向每个用水户发一张灌溉用水量IC卡；村充值，是每年春灌前农户都要根据自己的用水定额预付一定金额到账户内，类似于"押金"，账户内同时还有每户村民的用水定额。定额以内的用水量实行优惠水价，超过定额的用水量，将从押金中扣除所需的水费。但如果用水量低于规定的定额，将根据节余的水量，对其进行现金奖励，并将奖金打到账户内。

9.3.3 建立农业用水计量管理制度

对用水进行准确计量，是促进农户节约用水的一项非常重要的措施。农业用水只有计量，才能准确反映各用水户用水的多少。补灌工程的区输水工程均为管道输水，这也为用水计量奠定了基础。应逐步将农业用水计量设施安装到斗渠及以下，解决田间用水计量的最后一公里问题，实现斗渠口计量设施安装完好率100%。

9.3.4 完善用水户参与机制

1. 建立物质激励机制

设立农业节水专项基金，对农民定额内节水进行物质层面的奖励。基金来源可考虑各级政府筹集的水利建设基金、按用电量收取的水利设施管护维修费、超定额用水收取的水费以及向享受国家水利设施建设补贴的公司、合作社、种植大户每亩收取的水资源补偿费，用于高效节水农业示范推广、农田水利设施的管护和维修改造、农田节水灌溉工程基础设施建设等多种渠道。

2. 建立精神奖励机制

精神奖励是利用非物质的手段，对农业节水主体进行补偿，以提高其节水积极性和节水能力。精神奖励可以有以下多种形式：

（1）荣誉奖励。对节水表现突出的农民，给予必要的荣誉奖励，颁发证

书，激发更多的农民主动进行节水。

（2）学习奖励。通过开展多种形式的免费培训，为农民提供多层次的学习机会，提高其对于掌握节水灌溉技术的能力，增强农民主动节水的积极性。

（3）参与奖励。鼓励农民参与村组、用水户协会的灌溉用水管理，参与有关规章制度的制定等。通过参与，也使农民更多地了解当地水资源状况、农业节水的相关知识。

3. 建立用水户参与的信息交流机制

丰富公众参与和反馈意见的手段，如开辟报纸专栏、刊载公众意见、就公众问题公开予以解答等，建立一个开放的工程信息交流渠道，使所有利益各方可以进行有效的协商、对话与决策，提高公众参与的积极性。此外，还应建立包括信访制度、举报制度和质询制度在内的公众参与管理制度，明确公众参与的内容、程序和方法，为公众参与提供制度保障，使公众参与达到程序化、规范化和法制化。

第 10 章

延伸区补灌工程供水水价机制

截至 2012 年 4 月，扬黄工程延伸区共完成高效补灌工程面积 105 万亩，全部为管道输水。其中既有种植大户经营的，也有村集体经营的和单户农户种植的。扬黄延伸区补灌工程要实现良性运行，需要结合扬黄灌区水价现状，依法依规建立合理的工程供水定价机制。

10.1 扬黄灌区水价现状

10.1.1 供水成本

《水利工程供水定价成本监审办法（试行）》（发改价格〔2006〕310 号）规定，水利工程供水定价成本由合理的供水生产成本和期间费用构成。供水生产成本是指水利工程生产过程中发生的合理支出，包括直接工资、直接材料、其他直接支出和制造费用。制造费用指水利工程供水生产过程中发生的各项间接费用，包括固定资产折旧、修理费、水资源费、水质检测费、管理人员工资、职工福利费和其他制造费用等。期间费用是指供水经营者为组织和管理供水生产经营活动而发生的合理的营业费用、管理费用和财务费用。四大扬黄工程运行成本及完全成本核算如下。

1. 红寺堡灌区

红寺堡灌区 2008—2010 年供水经营成本及供水成本核算见表 10-1。

表 10-1　　红寺堡灌区 2008—2010 年供水经营成本及供水成本

项　　目	单　　位	2008 年	2009 年	2010 年
供水量	万 m³	19014	18299	19667
直接工资	万元	897.72	1256.91	1852.15
直接材料费	万元	1258.62	1435.48	1744.74
其他直接支出	万元	342.52	509.61	674.05

续表

项　　目	单　　位	2008 年	2009 年	2010 年
固定资产折旧	万元	3438.02	3438.02	3438.02
工程维修费	万元	1330.38	1359.44	1419.42
营业费用	万元	9.65	9.23	9.19
管理费用	万元	177.6	208.8	255
总成本	万元	7454.51	8217.49	9392.57
经营成本	万元	4016.49	4779.47	5954.55
单方水供水成本	元/m³	0.392	0.449	0.478
单方水经营成本	元/m³	0.211	0.261	0.303

2. 盐环定灌区

盐环定灌区 2008—2010 年供水经营成本及供水成本核算见表 10 - 2。

表 10 - 2　　盐环定灌区 2008—2010 年供水经营成本及供水成本

项　　目	单　　位	2008 年	2009 年	2010 年
供水量	万 m³	6555	7134	6764
直接工资	万元	1250.7	1205.7	1570.8
直接材料费	万元	629.83	698.03	778.15
其他直接支出	万元			
固定资产折旧	万元	1530	1844.2	1987.4
工程维修费	万元	654.3	848.3	873.4
营业费用	万元			
管理费用	万元	266.15	306.6	308.74
总成本	万元	4330.98	4902.83	5518.49
经营成本	万元	2800.98	3058.63	3531.09
单方水供水成本	元/m³	0.661	0.687	0.816
单方水经营成本	元/m³	0.427	0.429	0.522

3. 固海灌区

固海灌区 2008—2010 年工程经营成本及供水成本核算见表 10 - 3。

表 10-3　　固海灌区 2008—2010 年工程供水经营成本及供水成本

项　目	单　位	2008 年	2009 年	2010 年
供水量	万 m³	30926	30120	28820
直接工资	万元	2919.8	2809.2	3035.8
直接材料费	万元	1913.1	1891.6	2102.2
其他直接支出	万元			
固定资产折旧	万元	1597.0	1432.2	1297.0
工程维修费	万元	1602.2	1152.8	1357.9
营业费用	万元			
管理费用	万元	1469.9	1475.1	1358.3
总成本	万元	9502.0	8761.2	9151.4
经营成本	万元	7905.0	7328.9	7854.4
单方水供水成本	元/m³	0.307	0.291	0.318
单方水经营成本	元/m³	0.256	0.243	0.273

4. 固海扩灌灌区

固海扩灌灌区 2008—2010 年工程经营成本及供水成本核算见表 10-4。

表 10-4　　固海扩灌灌区 2008—2010 年工程供水经营成本及供水成本

项　目	单　位	2008 年	2009 年	2010 年
供水量	万 m³			8594
直接工资	万元			1040
直接材料费	万元			1105.4
其他直接支出	万元			
固定资产折旧	万元			3066.0
工程维修费	万元			1174.1
营业费用	万元			
管理费用	万元			432.9
总成本	万元			6818.4
经营成本	万元			3752.4
单方水供水成本	元/m³			0.793
单方水经营成本	元/m³			0.437

10.1.2　现状水价及收支状况

1. 干渠水价

根据《宁夏回族自治区物价局、自治区水利厅关于调整我区引黄灌区水利工程供水价格的通知》（宁价商发〔2008〕54 号），宁夏引黄扬水灌区供水价格见表 10-5。

表 10-5　宁夏引黄扬水灌区供水价格标准（2009 年 1 月 1 日起执行）

供水类别	定额内水价/(分/m³)				超定额用水加价/(分/m³)
	固海扬水	盐环定扬水	红寺堡扬水	固海扩灌扬水	
农业用水：粮食作物、经济作物、林草地及为农村人畜饮水供水	13.7	15.7	13.5	13.7	5.0
城镇、工矿企业、旅游用水	30.0	45.0	30.0	45.0	12.0
生态用水	15.7	17.7	15.5	15.7	12.0

（1）盐环定灌区。根据原水电部批准方案，盐环定共用工程由宁夏代管，专用工程由各省区自建自管，并分别成立相应的运行管理机构。宁夏盐环定扬黄管理处成立于 1989 年，是盐环定灌区共用工程管理机构。1993 年以前盐环定灌区共用工程运行管理费由建设单位承担，1994 年以来工程运行管理费除收缴的水费外，差额部分由宁夏财政予以补贴。2000 年 4 月，盐环定宁夏灌区供水水价调整为 0.112 元/m³，2008 年 2 月水价调整为 0.157 元/m³。宁夏盐环定扬黄工程向甘肃环县供水的价格与甘肃兴电扬黄工程向宁夏海原县供水的价格相同，现行水价是 0.24 元/m³。

（2）红寺堡灌区。红寺堡扬黄工程自 1998 年开工建设至 2000 年，一直实行无偿供水。2000—2009 年期间，根据实际情况的变化和灌区可持续发展的需要，红寺堡扬黄工程农业供水价格先后进行了多次调整。2007 年、2008 年、2009 年农业供水执行水价分别为 0.09 元/m³、0.11 元/m³、0.135 元/m³，超定额加价幅度分别为 0.02 元/m³、0.05 元/m³、0.05 元/m³。自 2010 年以来，红寺堡扬黄工程农业供水价格一直没有调整。

（3）固海灌区。固海灌区 2007 年农业供水价格为 0.117 元/m³，2008 年、2009 年皆为 0.137 元/m³。自 2010 年以来，固海灌区农业供水价格一直没有调整。

（4）固海扩灌灌区。固海扩灌灌区 2007—2009 年农业供水价格呈上涨趋势，分别为 0.092 元/m³、0.117 元/m³、0.137 元/m³。但自 2010 年以来，固海扩灌灌区的农业供水价格一直没有调整。

2. 支渠以下部分水价

上述水价标准是针对干渠运行管理而收取的，所收水费全部上缴各扬黄工程管理处。对于农业供水，必须通过田间配套工程才能到达最终用户。

针对支渠以下部分的运行管理，灌区内各县根据自身情况，核提部分维护管理费，用于斗渠以下运行管护人员的工资及运行维护费，其中 30% 是运行维护费，70% 是管理人员工资。对于红寺堡工程，红寺堡区加收维护管理费 0.01 元/m³；对于固海和固海扩灌工程，所涉及各县加收维护管理费在 0.01～0.015 元/m³ 之间。

2009 年，盐环定扬黄干渠水价由宁夏发展和改革委员会及物价局核定为 0.157 元/m³，最终用户收取水价为 0.1735 元/m³。其中，田间配套环节水价为 0.0165 元/m³，主要是盐池县发改委及物价局核提的维修管理费，包含支斗渠长工资、村组管理费、政府管理费、水管单位维管费等。田间配套环节水价构成详见表 10-6。

表 10-6　　　　　　　　盐池县盐环定工程田间配套环节水价构成

项　目		水价/(元/m³)	说　明
斗口水价		0.157	自治区发改委核定水价
田间环节水价	维护管理费	0.0165	
	配水员劳保、取暖费	0.001	用于支渠长、水管所的冬季取暖及劳保
	支渠长工资	0.0035	
	支渠长交通费	0.0005	
	斗渠长工资	0.0025	
	村组管理费	0.002	
	政府管理费	0.0005	用于乡镇管水的费用
	水管所渠道维修费	0.0065	
最终用户水价		0.1735	最终用户水价为斗口水价加上田间环节的维护管理费

3. 水费收缴情况

盐环定、红寺堡、固海、固海扩灌四大灌区 2008—2010 年的水费收缴情况见表 10-7。

表 10-7　　　　宁夏扬黄四大灌区 2008—2010 年水费收缴情况　　　单位：万元

工　　程	2008 年		2009 年		2010 年	
	应收水费	实收水费	应收水费	实收水费	应收水费	实收水费
盐环定	1044	1044	1381	1381	1315	1315
红寺堡	1975	1975	2321	2321	2660	2660
固海	3632	3632	4130	4130	3965	3965
固海扩灌	895	895	1243	1243	1214	1214

4. 水费收支收入支出状况

2008—2010 年四大灌区水价和成本对比情况如表 10-8 所示，四大扬水工程财务收支状况见表 10-9 所示。

表 10-8　　　　　　　2008—2009 年四大灌区水价和成本对比

年份	灌区	执行水价 /(元/m³)	供水成本 /(元/m³)	供水经营成本 /(元/m³)	执行水价占单方水供水成本比例/%	执行水价占单方水经营成本比例/%
2008	红寺堡	0.115	0.392	0.211	29.33	54.44
	盐环定	0.137	0.661	0.427	20.74	32.06
	固海	0.137	0.307	0.256	44.59	53.60
	固海扩灌	0.117				
2009	红寺堡	0.135	0.449	0.261	30.06	51.69
	盐环定	0.157	0.687	0.429	22.84	36.62
	固海	0.137	0.291	0.243	47.10	56.30
	固海扩灌	0.137				
2010	红寺堡	0.135	0.478	0.303	28.27	44.59
	盐环定	0.157	0.816	0.522	19.24	30.07
	固海	0.137	0.318	0.273	43.14	50.27
	固海扩灌	0.137	0.793	0.437	17.27	31.38

10.1.3　财政补贴情况

由于宁夏扬黄工程运行成本较高、执行水价较低，因此财政补贴成为工程正常运行的主要保障。四大灌区 2008—2010 年财政补贴情况如表 10-10 所示。

表 10-9　　　　　　2008—2009 年四大扬水工程财务收支情况　　　　单位：万元

年份	工程	供水成本	运行成本	国家补贴	水费收入	国家补贴＋水费收入－运行成本	国家补贴＋水费收入－供水成本
2008	红寺堡	7455	4016	809	1044	－5602	－2163
	盐环定	4331	2801	712	1975	－1644	－114
	固海	9502	7905	2502	3632	－3368	－1771
	固海扩灌			369	895		
2009	红寺堡	8217	4779	822	1381	－6014	－2576
	盐环定	4903	3059	1214	2321	－1368	476
	固海	8761	7329	2266	4130	－2365	－933
	固海扩灌			585	1243		
2010	红寺堡	9393	5955	957	1315	－7121	－3683
	盐环定	5518	3531	1931	2660	－927	1060
	固海	9151	7854	2698	3965	－2488	－1191
	固海扩灌	6818	3752	851	1214	－4753	－1687

表 10-10　　　　　　四大灌区 2008—2010 年财政补贴情况　　　　单位：万元

灌　区	2008 年	2009 年	2010 年
盐环定	809	822	957
红寺堡	712	1214	1931
固海	2502	2266	2698
固海扩灌	369	585	851

10.1.4　现状水价存在的问题

1. 现行水价水平与工程运行成本费用相比明显偏低

扬黄灌溉工程水价的制定带有明显的扶贫性质，虽然自治区水利厅先后对农业供水水价进行了调整，但调整后的水价仍然远低于供水成本。目前，四大扬黄工程现行水价普遍较低，无法弥补单方水经营成本，占单方水经营成本的30%～55%，更无法弥补单方水供水成本，仅占单方水供水成本的15%～45%。特别是 2009—2010 年，由于物价上涨，现行水价占单方水经营成本和供水成本的比例进一步下降。

2. 用水户水价承受能力较低

扬黄灌区位于宁夏中部干旱带，当地经济极不发达，是我国 18 个连片贫困地区之一。当地群众以农业收入为主且收入较低，水价承受能力普遍较低，在一定程度上阻碍了水价调整的可能性。

3. 电费、人员工资和折旧费占工程成本运行费用比例较大

四大扬黄灌区属高扬程电力提灌工程，电价在供水成本中占有很大比例，电费支出约占供水成本的 1/3，人员工资和折旧费占成本支出的比例也比较高。此外，由于物价上涨影响，灌区电费支出、运行维护费支出、人员经费支出都已上涨或面临上调压力，如 2010 年电力部门明确规定 2011 年开始每度电增加 2.3 分。随着扬黄工程老化现象逐渐增多，工程大修以及日常维护所需要的原材料价格上升，维修费增加，导致供水成本增加。另外，随着经济社会发展人员工资也相应增长，进一步增大了供水成本上涨的压力。

4. 合理的水价调整机制尚未建立

面对日益上涨的成本压力，由于尚未形成合理的水价调整机制，水价难以随着供水成本调整而相应变动，进一步拉大了水价与供水成本的差距，增大工程运行压力。

5. 政府对工程运行的财政补贴力度不足

扬黄工程具有较强的公益性，单纯依赖水费收入不足以弥补全部成本，政府应对工程运行成本给予一定的财政补贴。目前，政府财政补贴力度明显不足，只能勉强弥补工程经营成本，有时甚至连工程经营成本也难以弥补，更无法弥补供水总成本，严重影响工程的管理与运行。例如，宁夏回族自治区对盐环定扬黄工程管理人员工资的财政补贴标准仅为人员基本工资的 60％，由于工程效益低，绩效工资无法兑现，近 300 万元养老保险无力缴纳。

10.2　扬黄延伸区补灌工程水价现状

由于缺乏延伸区补灌工程水价的总体资料，只是通过对典型地区调研，"以点带面"，反映补灌工程水价基本现状。目前，中宁县、盐池县等地的高效节水补灌工程供水水价的核算与定价方式各不相同。总体来看，尚未形成完善的补灌工程水价定价机制。调研地区补灌工程供水水价情况详见表 10-11。

表 10 - 11 调研地区补灌工程供水水价情况

调研地区	补灌工程水价	备 注
永大线补灌工程项目区	不收水费	水费是由政府财政负担
中宁县补灌工程	不收水费	补灌工程由公司管理，每年核算补灌工程的供水成本，由政府补贴，农民、种植大户采用滴灌工程，不交水费
盐池县三墩子扬水灌区	不收水费	
原州区扬黄灌区补灌工程	0.25 元/m³	对于高效设施供水水价是参照固海灌区设施农业供水水价 0.25 元/m³
下马关补灌区	1 元/m³	种植大户的水价为 2 元/m³，其中政府负担 1 元/m³，用户只需负担 1 元/m³
盐池县杨家圈村的井灌区补灌工程	不单独缴纳水费，水费含在 10 元/（亩·年）的管理费中	在已建成杨家圈村的井灌区补灌工程中，村民或种植大户根据种植面积按照每亩地每年 10 元的标准缴纳管理费，但不用额外缴纳水费

1. 多数补灌工程水费由地方财政承担

在发展补灌工程之初，为了让延伸区群众尽快获得收益，补灌工程不是直接向用水户收取水费，而是由当地人民政府或水务部门承担水费支出。在永大线补灌工程项目区，水费由地方政府财政负担；在中宁县补灌工程项目区，补灌工程的供水成本由政府补贴运行成本，不考虑折旧。盐池县已建成并运行的 7000 亩补灌工程，其供水价格主要参照盐环定扬黄工程农业供水水价进行定价，补灌工程的用户水价执行与盐环定工程相同的最终用户水价。但在实践中，补灌工程并没有按照既定水价收取水费。

2. 少数收取水费的补灌工程水价标准偏低

在永大线补灌区、下马关补灌区等地，已向用水户收取水费，水价标准为 0.25～1 元/m³ 不等。在原州区扬黄灌区，补灌工程供水价格执行的是固海灌区设施农业供水水价 0.25 元/m³；在下马关补灌区，补灌工程种植大户的水价标准为 2 元/m³，其中政府负担 1 元/m³，用水户负担 1 元/m³。在调研的补灌工程中，盐池县杨家圈村的井灌区补灌工程水费管理较好。目前该灌区 5000 亩滴灌设施由村民推选的 2 名管水员负责管理，村民或种植大户根据种植面积按照 10 元/（亩·年）的标准缴纳管理费，水费包含在管理费中。

10.3 扬黄延伸区补灌工程水价成本构成

1. 相关规定

《中华人民共和国水法》规定，使用水工程供应的水，应当按照国家规定向供水单位缴纳水费。供水价格应当按照补偿成本、合理收益、优质优价、公平负担的原则确定。国家发展和改革委员会、水利部颁布实施的《水利工程供水定价成本监审办法（试行）》（发改价格〔2006〕310 号）规定，水利工程"供水生产成本是指水利工程生产过程中发生的合理支出，包括直接工资、直接材料、其他直接支出和制造费用。制造费用指水利工程供水生产过程中发生的各项间接费用，包括固定资产折旧、修理费、水资源费、水质检测费、管理人员工资、职工福利费和其他制造费用等"。

2. 延伸区补灌工程供水成本构成

宁夏中部干旱带补灌工程供水成本包括水源费、扬水电费、管理人员工资及福利费、工程维修费等 5 项，这是补灌工程供水价格定价的基础。

10.4　扬黄延伸区补灌工程水价定价机制

10.4.1　水价分析思路

（1）测算工程的完全成本和运行成本供水价格。按照现行水利工程供水价格制定政策、价格管理办法、价格监审办法等，根据各工程的分项规划报告，对各工程分别测算完全成本和运行成本供水价格。

（2）水价设计时应充分考虑农户的实际水价承受能力，供水价格应根据农户的可承受水价制定。扬黄延伸区除一些以水库、机井为水源和从扬黄干渠自流补灌的工程外，大部分补灌工程提水扬程高、输送距离远、供水成本大。而项目区经济不发达，农户的经济能力也较差，对水价的承受能力并不高。

（3）在分析项目区农户可承受水价时，对一些拉水穴灌的工程，应充分考虑配水工程出水口到田间的拉水成本。从而避免因农户实际灌溉成本超出可承受能力而影响农民灌溉用水的积极性，造成工程投资的隐性闲置。

（4）统筹考虑工程近期运行和远期更新改造的需求，对水费收入不能弥补运行费用的工程，合理确定财政补贴额度，以体现国家扶农支农的惠农方针。

（5）对于特困地区的农户，农户实际支付能力确实有限的，可以低于农户理论承受水价的供水价格向农户收取水费，但要吸取已建工程免费供水的教训，以促使农户自觉形成节水的用水习惯，确保水资源的合理利用和高效利用。

10.4.2　定价原则

扬黄延伸区补灌工程的供水水价的制定应考虑工程运行需要和用水户的水价承受能力。考虑到项目区属于贫困地区，经济欠发达，尤其是大部分补灌工程是高扬程提水工程，制水成本较大。因此，在制定水价时，要遵循以下原则：

（1）充分考虑扬黄灌区的现状水价。扬黄延伸区补灌工程是在扬黄灌区的基础上通过节余水量进行灌溉的，因此，补灌工程的水价与扬黄灌区的水价有密切关系，在制定补灌工程水价时，也应充分考虑扬黄灌区的水价。

（2）充分考虑水资源的稀缺性。宁夏中部干旱带是全国最干旱缺水的少数几个地区之一，扬黄延伸区发展高效节水补灌，是在扬黄老灌区实施节水灌溉获得节余水量的基础上发展起来的，补灌工程的水价制定不仅要考虑到工程水价，也要兼顾到这一地区水资源的稀缺价值。

（3）供水水价应能够弥补工程的运行成本。考虑到延伸区补灌工程多为高扬程扬水工程、工程投资较大，且工程具有扶贫性质、用水户承受能力较差的现实情况，单纯靠供水收入保证工程的良性运行较为困难，但应尽量以供水收入弥补工程运行成本。若根据测算，仍无法以水价收入弥补工程运行成本的，则还应依靠财政补贴分担部分工程运行成本。

（4）制定水价应充分考虑用水户的水价承受能力。补灌工程的对象主要是农业灌溉用水户，水价制定必须充分考虑用水户承受能力，水价不能超过受水区用水户承受能力。

（5）遵循用水户参与原则。补灌工程的供水价格直接关系到用水户的利益，水价的制定和调整要增加透明度，需要由利益相关主体参与协商。充分听取农民、用水大户、用水户协会等各方面的意见，避免价格的垄断，保障用水户的合法权益。

（6）遵循节约用水原则。为了遏制用水浪费，促进节约用水，应逐步探索实行农业灌溉定额内用水享受优惠水价、超定额用水累进加价制度。

10.4.3 价格结构

延伸区补灌工程的供水从水源工程取水，经新建加压泵站、管道（渠道）输水、蓄水池调蓄、配水支管配水到达田间的给水栓或田间调蓄水池，最后灌溉到农户的作物或林木。供水环节主要包括扬黄灌区的水源工程、补灌骨干取水工程、田间配套工程3个环节。

从补灌工程的供水环节来看，工程的供水水价包括原水水价、输配水环节水价、田间配套工程供水成本3个部分。由于不同环节的管理主体不同，根据价格管理权限和管理体制，输配水环节的供水水价要独立核算，分段定价。

10.4.4 水价核算

在测算补灌工程的水价时，应分别对骨干工程输水、支管配水和田间供水等环节的供水成本和费用进行测算。由于不同环节的管理主体不同，根据价格管理权限和管理体制，输配水环节的供水水价要独立核算，分段定价。终端用户水价采用各环节水价逐步结转的方法进行测算。

原水水价：原水水价即为引黄灌区供水水价，是指扬黄管理处的供水水价，前面已经分别介绍了四大扬黄灌区的现状供水水价。

补灌工程输水环节水价：是指补灌工程蓄水池出水口的供水水价。

支管配水和田间用水环节水价：补灌工程的水源经蓄水池调蓄后，由支管配水到田间后，再通过不同的灌溉方式对作物进行灌溉。因此，终端用户水价测算还需要考虑支管配水和田间用水环节的供水水价。

供水成本测算分界点以工程产权或管理权分界点为准，有骨干调蓄池的供水工程，从调蓄水池取水的支管起点作为管理权限分界点；对直接从干管取水的支管，以支管取水闸阀作为管理权限分界点。

10.4.5　定价方式

（1）补灌工程水价应与扬黄灌区水价相关联。补灌区是在扬黄灌区节余水量的基础上发展建设起来的，考虑到水资源的稀缺价值，补灌工程的水价应远高于扬黄灌区的供水水价。延伸区补灌工程的原水价即为扬黄灌区的水价，是补灌工程供水价格的一部分。因此，随着扬黄灌区水价的调整，延伸区补灌工程的水价也应随之而调整。

（2）充分考虑用水户的承受能力。科学合理的水价应同时建立在价格理论和农民承受能力的基础上。根据灌区目前所核算出来的成本水价来看，如果按照成本水价对灌区农户征收水费，农民将很难承受，以至于挫伤农民的种植积极性，不利于灌区的良性发展。因此，补灌工程供水价格应以农户水费承受能力为限定价，以后逐年调整至完全成本水价。根据中部干旱带已建工程实际情况看，这些地方属于雨养农业区，补灌工程运行后，如果不考虑劳动力的成本，灌水拉水成本是主要的生产投入，水费占实际生产投入的 50%～80%。因此，按照农户生产成本的一定比例定价的方式不适用于这个以传统雨养农业为主的地区。综合考虑当地社会经济发展现状水平以及目前农民拉水灌溉实际执行水价状况，补灌工程灌区农民水费承受能力应以亩均产值的 4%计算，并作为测算高效节水补灌区农民可承受水价的依据。

（3）实行政府指导价和市场定价相结合。补灌工程供水水价可实行政府指导价，也可实行市场定价，因工程管理模式不同，定价模式也可有所不同。政府有关部门在制定供水价格时，要听取供水部门的意见，更要通过听证会等形式听取用水户的意见，要建立补灌工程供水价格监督制度。水利行业组织要在政府价格主管部门指导下对本行业价格进行的自律性监督检查。

10.4.6 财政补贴机制

1. 建立财政补贴机制的必要性

2011 年中央一号文件提出："按照促进节约用水、降低农民水费支出、保障灌排工程良性运行的原则，推进农业水价综合改革，农业灌排工程运行管理费用由财政适当补助，探索实行农民定额内用水享受优惠水价、超定额用水累进加价的办法。"因此，补灌工程可以通过财政补贴来弥补运行管理经费的不足。

（1）延伸区补灌工程具有较强的公益性。中部干旱带高效节水补灌工程是国家为改善当地贫困农民的生产、生活条件，安置生态移民和扶贫开发而兴建的一项民生工程，工程具有显著的公益性。根据国家有关扶农政策，高效节水补灌供水工程具有公益性和经营性双重属性，属准公益性水利工程。

（2）目前补灌工程的运行成本较高。延伸区补灌工程多为高扬程扬水工程，工程的供水成本较高。农民用水户对水价的承受能力较弱，尤其是农业供水具有公益性质，工程的折旧费及部分运行管理费用应由财政适当补贴。

（3）补灌工程的管理单位运行困难。补灌工程通常是由水务局供水，并代为管理。多数补灌工程没有收取水费，一些收取水费的工程也面临水费难以达到供水成本、水费收缴难的困境。水务局在承担庞大的管理、维护任务的同时，没有得到运行方面的补贴，管理单位难以为继。因此，实行财政补贴是保障补灌工程良性运行的需要。

2. 补贴的原则

（1）鼓励节约用水原则。当前，灌溉水费还不能完全取消。完全取消水费将失去水价的经济杠杆作用，不利于节水。

（2）兼顾用水户承受能力与保障工程正常运行的原则。对补灌工程运行管理财政补贴的最低额度是保证农户能承受水费，同时保证供水单位所收的水费能维持基本的运行。

（3）统筹考虑田间工程运行成本原则。补灌工程田间环节的工程运行管理费用也应进行财政补贴。对于灌溉水费由村委会或农民用水合作组织统一收取的工程，可以考虑直接补助给村委会或用水合作组织，应考虑工程的取水费用、人员工作、田间工程的维护费等。

3. 补贴资金的来源

一般情况下，财政补贴的责任主体是省、市两级政府部门。各地可因地制宜，在本级财政中安排一定额度的补灌工程运行管理补贴专项资金。补灌工程财政补贴资金的来源可以有以下几方面：

（1）超定额用水加价增收费用。实行超定额用水要加价收费，利用这部分超定额用水加价增收的费用对补灌工程的运行管理进行补贴。

（2）财政补贴专项资金。可以考虑从地方水资源费中单独拿出来一部分资金，设立补灌工程财政补贴专项资金，对补灌工程运行管理进行补贴。

10.5　扬黄延伸区补灌工程的水量计量与水费收缴

1. 水量计量

对灌溉用水进行准确计量，是促进用水户节约用水的一项重要的措施，也是灌区实行用水定额管理的重要手段。农业用水只有计量，才能准确反映各用水户用水的多少，从而激励农民自觉节约用水。在延伸区补灌工程中，逐步实现将用水计量设施安装到斗口，有条件的地区要计量到田间地头，并逐步实施计量设施的智能化管理。同时，加强灌区干、支、斗渠防渗改建，实现斗渠口计量设施安装完好率 100%。计量设施的安装应以政府为主导出资建设。

从计量设施的选择来看，通常采用传统的量水堰、T 形槽、U 形槽等量水设施，逐步探索使用取水控制器等新型计量设施。

2. 水费收缴

延伸区灌溉水费的收缴实行水票制，农户先交费后用水，即在每年开始供水前，农民要按照水权水量先交清基本水费，然后享有用水权和对自有水权的转让权。具体来看，每年供水前，农户先以购买水票的方式，将水费交到供水服务中心。供水服务中心按照计量水价计算水费，农户交清水费后，供水服务中心向农户开具水票，水票要注明水价、水量、供水地点以及供水时段。农户将水票交农民用水协会并登记签字，由农民用水协会凭票向农户安排供水，农户本轮剩余水票水量可以结转下一轮供水使用。

供水中心收取的水费分中心水费和农民用水协会水费分账管理，中心水费由供水服务中心管理使用；农民协会的水费实行先交后返的政策。在每轮供水结束后，由服务中心将协会水费返还协会管理使用。先交后返的水费收缴管理制度能够避免多头收费和收费项目多、环节多的弊端，有利于杜绝向农户搭车和乱收费的现象。

供水服务中心设财务部门，以加强水费收缴的规范管理；协会一般不设财务人员，财务可实行由供水中心财务部门建账代管，协会到中心报销的制度，以确保水费的合理用途。

第 11 章

实 施 建 议

　　宁夏中部干旱带未来经济社会发展和生态移民新增用水需求急需满足，而满足新增用水需求的一项最现实、可行的选择是使水资源利用效益最大化和配置效率最优化。农业用水有较大节水潜力，具有可转让水量，但需要调动农户的节水积极性，而用水的定额约束和产权激励是调动农户节水积极性的有效手段。因此，加强定额用水管理，实施扬黄灌区农业水权流转非常必要和紧迫。然而，目前宁夏中部干旱带开展农业水权转让面临一些困境，如开展水权转让的内生动力不足、初始水权分配体系尚不完善、水市场的运作管理机制尚不健全和水权转让保障条件不到位。水权转让的实施离不开政府的宏观指导和管理，也离不开水权转让双方的认可和配合，因此必须建立起一套"自上而下"与"自下而上"相结合的行之有效的措施。尤其是宁夏中部干旱带的水权流转必须以农业节水挖潜为前提，出台种植结构调整、节水工程建设、制度建设等方面的相关政策显得尤为重要和必要。同时，延伸区补灌工程的良性运行，也离不开相关政策保障。

11.1　强化保障措施

　　1. 重视统筹协调，强调分阶段实施

　　水权分配关系到各方面利益，社会影响大。应有充分的思想准备，即宁夏中部干旱带水权管理从制度建设的成熟到实施水平的成熟，需要一个相当长的时间，必须要有一个全局性的统筹规划，加强各相关部门的组织协调，综合运用工程、技术、管理等措施，根据实践不断探索，总结经验，稳步分阶段实施。

　　要先易后难，逐步完善宁夏中部干旱带水权流转制度。第一阶段，顺应当前部分地区已开展的水权到户实践，全面展开扬黄灌区内农民用水水权（包括保有水权和取用水权）分配到户工作（包括明确各季节用水水权），并逐步予以规范（制作分级用水卡、明白卡或水票），允许农民取用水权（即水权卡等形式的配额水权）在灌区内农户之间实现短期转让和保有水权在灌区内农户之间长期转让。第二阶段，逐步建立起村—乡镇—县三级水权转让机制，实现农业水权在县域范围向农业、工业、生活用水的相对自由的转让。第三阶段，实现各业用水分配到户（保有水权和取用水权），从而建立起完善的扬黄灌区水权转让机制，实现水权在灌区内和灌区之间自由转让，实现灌区节余水权向灌区外工业用水、城市用水的转让。

2. 探索"自上而下"和"自下而上"相结合的实现路径

当前宁夏中部干旱带水权制度建设虽初步形成体系，但仍不完善。尤其是水权流转处于试点探索阶段，需要理论与实践的不断磨合、响应，才能真正建立起适用于扬黄灌区水权流转制度体系。因此，在水权流转制度建设过程中，在注重循序渐进、逐步实施的同时，要采取"自上而下"和"自下而上"相结合的方式。一方面，政府要发挥主导作用，在抓好水资源规划，加强灌区节水改造工程建设，实行总量控制和定额管理制度的同时，尽快制定出台《宁夏中部干旱带扬黄灌区加强水权制度建设的指导意见》，完善水权分配制度，将政府预留水量纳入水权分配方案，对水权分配确认及调整管理进行规定；建立水权转让制度，明确水权转让条件、水权转让价格、期限等方面的管理规定，建立完整的水权制度体系，有效指导完成用水户初始水权确权颁证和开展水权流转工作。另一方面，通过以点带面的方式，利用水权交易试点示范建设，在实践中不断探索和完善建设经验。要充分认识到水权制度建设涉及每个用水户的利益，公众参与非常重要，应在水权流转重大问题上建立听证会制度和专家咨询制度，广泛征求公众和专家意见建议，不断完善和优化管理制度和方案，以符合绝大多数人的愿望和利益。还要推进用水户协会建设，为公众参与提供组织保证。

3. 严格转让范围、期限审查和利益审核，加强后期监管

水市场高效公平的运行需要以严格的监管作为前提。要严格水权转让范围、期限审查和利益审核，并加强后期监管，以维护良好的市场秩序，保障水权交易安全、有序开展。

宁夏水市场管理办公室要根据水资源管理和配置的要求，综合考虑与水权转让相关的水工程使用年限和需水项目的使用年限，兼顾供求双方利益，对水权转让的范围和年限提出要求，并依据取水许可管理的有关规定进行转让范围、期限的审查复核。

利益审核既包括具体用水户的利益审核，也包括社会公共利益的审核。要确保水权转让的费用构成中包含对灌区管理单位、管理员、用水户以及环境、生态等第三方损害等各项补偿。注重兼顾各方面用水者的利益，包括上游和下

游、左岸和右岸的用水者，生活用水者、经济用水者和生态用水者；兼顾当代人和后代人的利益。既要保证水权交易在空间跨度的利益公平，也要保证水权交易在时间跨度上的利益公平。

加强后续监管。要加强项目的审批和资金管理，督促水权交易资金及时到位，要监督资金的使用情况，确保水权交易资金的专款专用。要逐步建立和完善水权转让投诉机制，使公众有适当的方式和充分的制度来依法保障自身权益。

4. 强化信息披露，加强舆论宣传

有效开展水权管理的前提是需要交易双方信息对称，即都需要获取充足的信息来对水权交易的可行性及交易成本做出正确的判断。信息披露制度在推动水权交易方面具有极为重要的作用，特别是随着信息技术的快速发展，水权转让各方能够通过网络进行水权转让相关信息的披露和交流，不仅有助于降低交易成本，而且有利于利益相关者维护自身的合法权益，极大地提高水权交易的合法性、合理性和效率。因此，加强信息披露是保证水权转换正常推进的前提和基础。

信息披露包括两个方面：一是水权交易信息的披露，包括水权出让信息和水权交易需求信息；二是交易后水权交易信息的公告，即转让人的名称、地址、转让水权额度、转让类型、转让起始时间、转让期限等均需向社会公告。

应建立政府主导的水权转让信息披露机制，由宁夏各级水市场监管机构定期或不定期对水权转让信息进行汇总和发布，为水权转让相关各方提供相对权威的信息指导。应培育和规范从事水权转让信息披露的专业法人实体，即水权交易的中介机构，推动水权交易信息披露向市场化运作；应鼓励非营利机构、团体和个人如实发布水权转让相关的信息，从而形成由政府机构、企事业团体、个人等构成的水权转让信息披露多元主体格局。

在信息披露主体多元化、形式多样化的条件下，大力开展信息披露监管，由自治区、市（县）两级水市场管理办公室对信息进行核实，对信息披露的内容和方式作出明确要求，并严惩虚假信息的提供者。

在宁夏中部干旱带开展水权转让是一种全新的水资源管理理念，与传统的观念和认识有所差异。水权行政管理体系的有效实施必须以得到社会公众的认同为前提。同时，宁夏中部干旱带实施水权行政管理体系又关系到该地区全体用水户切身利益。因此，必须加强宣传推广，务必使全体用水户都了解、认同，并能积极协助实施。应全方位多层次地开展宣传活动，利用各种媒体，包括广播、电视、报刊等新闻媒体及网站，采取各种有效的形式，开展广泛、深入、持久的宣传，使广大人民群众认识到宁夏中部干旱带建立水权管理制度的重要性和意义，真正树立水市场观念，为水权制度建设奠定社会基础。

5. 提供必备的保障条件，落实责任部门

开展水权转让，需要提供必备的保障条件，并明确保障条件落实的责任部门。

（1）资金投入保障条件。利用好节水型社会建设、大中型灌区节水改造等各类资金渠道，加大高效节水补灌项目资金投入，确保各项节水工程设施到位。宁夏各级政府及水行政主管部门应切实发挥主导作用，加大投入力度并促进各类资金统筹使用，满足节水工程建设需要。

（2）组织管理保障条件。宁夏各级水行政主管部门作为组织实施水权转让的主要责任部门，要提供好实施水权转让的各项组织管理保障条件。要切实加强用水定额落实监管，并与行政管理目标责任考核挂钩；改善各级水管单位运行管理水平，提高节水工作意识，通过组织培训学习、引进专业人才来保障节水工作的人员技术条件；加强基层用水组织建设，有效改善渠道末端管理，落实好田间各项节水措施。

（3）运行管理保障条件。各级水行政主管部门需尽快明确宁夏中部干旱带各类节水设施的运行责任主体，并在运行初期由政府提供基本的经费支持；同时积极探索节水工作与水权转换收益挂钩的机制，对于农民开展田间节水，从水权转换收益（农业用水向工业用水转化实现的价值提升）中分出一部分给农民，激励引导农民积极参与到水权转让工作中。

（4）外围政策保障条件。农业部门要配合节水工作，确定农业发展方向的基本政策，积极开展种植结构调整，减少高耗水作物，促进节水目标实现；国土部门配合农业农村现代化和适度规模发展方向要求，推动土地流转，为节水设施的更合理布局创造条件。

11.2　加强相关制度建设

1. 完善水权分配机制

明确建立三个层次的水权分配构架。

（1）第一层次规定政府拥有的权力，包括对地表水、地下水、外调水、再生水等享有的配置权、调度权和管理权。各级政府享有不同级别的权利。要合理配置环境水权、紧急用水权等，确保公共利益和应对应急事故。

（2）第二层次规定批量水权，包括授予扬水管理处、县自来水公司等享有水的批发权，要根据未来经济社会发展趋势，合理确定各行业用水比例关系和定量关系。

（3）第三层次规定单位和个人用水者拥有水财产权，包括办理取水许可，下达用水指标，确定取水量指标等，要将水使用权明确到具体用户。在此基础上，将定额管理与水权管理结合起来，通过加强农业用水定额管理进行水权管理，是妥善解决当前水使用权转让缺乏法律依据的有效途径。

2. 规范生态移民用水水权转让

生态移民迁入区基础设施建设任务艰巨、一般资金缺口巨大、管理任务繁重，同时移民需要相当长一段时间适应新迁入地的生活和生产。生态移民在新迁入区的耕地拥有面积及分配灌水定额一般处于不利位置，主要表现在：在规模开发土地集中安置的生态移民，原则上人均安排1亩水浇地，支持户均发展1亩设施农业；适度集中建房、改造原承包耕地安置的生态移民，有条件的支持户均发展1亩设施农业；移民安置区农业灌溉用水在各迁入县现有用水指标内调剂解决，灌溉定额120m³/亩。为了确保生态移民的用水权益不受损害，保障生态移民工作有序开展，加快生态移民适应安置区的生产和生活条件，应严格规范生态移民用水水权转换，对于生态移民增加用水定额的需求，可由安置区内移民管理部门负责统一组织协调，酌情予以解决；对于生态移民出让用水量的行为，应当严格规范，原则上不支持生态移民出让用水指标。

3. 加快建立水权转让收益分享机制

建立水权转让收益分配机制，发挥水权转让利益调节作用，以市场手段促进水权转让，调动各利益相关方积极性，形成水权转让内生动力。各相关部门应提高重视程度，拓展工作思路，积极推动建立合理的水权转让收益分配机制，以水权拥有者作为水权转让收益的主要获得者，同时在水权转让收益分配问题上充分考虑各个环节利益相关者的实际贡献和真正损失，探索收益分配机制。在输配水环节节余水量的水权转让收益分配中，由相应输配水工程运行管理单位代替政府作为水权转让方，根据实际情况拥有全部或部分水权转让收益。对于田间环节节余水量的水权转让，其收益绝大部分应由水权转让方（即农户）享有；同时还应考虑输配水工程运行管理单位和农民用水户协会在组织农民集体采取节水措施、产生节余水量过程中作出的贡献，酌情考虑由其分享部分收益。

4. 完善水权转让农民利益保护机制

水权转让牵涉的关系复杂，影响广泛，在转换过程中，农民的利益极易受到损害，因此在构建水权制度过程中，必须同步建立农民利益保护机制。其中最核心的问题是将农业用水转换建立在平等协商的基础上，允许农民充分参与，不论是水权转换的数量、价格和期限，还是补偿标准、方式，均要在平等协商的基础上达成一致意见后确定。

建议尽快出台专门的"水权转让农民利益补偿"制度规范，明确农民利益保护和补偿基本原则，并对损失评估、补偿主体、补偿标准、补偿数额的确定、补偿渠道或途径、补偿方式、补偿期限、相关罚则等进行详细规定，确保农民利益补偿有切实可行的操作方法。特别针对农民在水权转让后逢枯水年减产损失的风险建立详细而有保障的补偿机制，尽快明确补偿主体、补偿标准、补偿资金使用方式等一系列关键事项。加快研究建立水权交易收益和损失评估制度，明确相关评估技术。加快建立规范可行的水权补偿协商谈判机制，成立包括行政主管部门、水权受让方、工程管理单位、灌区管理单位、基层管水组织和农民代表参加的水权转让听证会制度，对农业用水水权转换听证的原则、内容、方式和程序、公示等事项予以明确，并设立健全的民主决策程序和保障办法，提高水权转让决策的科学性，保障农民权益。

5. 探索建立水权回购和再配置机制

建立健全水权回购和再配置机制，能够在适当的时候由政府充当中间人，从转让方回购水权，有选择地将其转让给其他用水户，提高水权转让的效率和效益，促进水资源向高效率和高效益方向流转。

11.3　加快培育和发展水市场

1. 简化程序，探索水权转让分级分层次管理

由于宁夏中部干旱带水权制度尚处在探索阶段，应根据当地实际情况，建立简单可行、少环节、低成本的水市场水权交易程序。可遵循分级分层次管理的原则。涉及取水权、保有水权变更和跨行业转让水权的，要遵循严格的登记、申请、论证、审批、公告一系列程序，并要严格加强监督管理，包括对水权转让过程及后续使用过程各方面的监督，确保水资源合理配置和高效利用，同时保障所牵涉的各方利益群体和单位充分参与。

对于灌区内部农业用水之间的转让（包括村集体之间和农户之间），遵循便捷管理的原则，通过用水户协会等载体，充分利用现有的制度、规则、习惯，以广泛的协商沟通作为基础，实现灵活多样的转让和交易。

灌区水管单位在这一过程中可发挥其专业优势，对基层组织、农民用水户协会和农民用水者之间的水权转让和交易进行指导和监管。政府及相关部门可出台原则性的指导意见对这类水权交易和转让加以指导。

2. 完善水权转让价格机制，与工程供水水价纳入统一体系

加快完善水权转让价格机制，明确水权转让价格定价原则、水权转让费用构成和确定方法，通过法规、规范性文件等制度化的形式予以确认。特别是生

态补偿、农灌风险补偿、第三方补偿等各类补偿费用的构成和确定方法，应根据当地实际，通过广泛调研和认真实验确定合适的方法与标准。在此基础上，明确现金补偿、实物补偿、设施补偿等水权转让费用的实现方式和水权转让收益的归属。

探索将水权转让价格和工程供水水价纳入同一体系。第一，对于农业用水之间的水权交易，分配给农业用水者确定的水权额度，完善农业"定额内用水享受优惠水价，超定额用水累进加价"制度，允许和鼓励农业用水者将节余水量通过水银行进行交易，购买超额水权的农业用水者需要付出超额累进加价的额外支出，促使农业用水者通过节余水量获得较大收益。第二，对于农业用水向工业用水水权转让，通过拍卖准入权指标的形式实现水权转让，即水权受让者通过竞拍获得用水准入权，同时具有较高的供水保证率。在具体用水过程中，水权受让者不作为独立的取水者，而是依然作为工程供水的用水户，根据供水工程成本与工业水价核算规则确定单方水水价，按使用量缴纳水费。通过以上方式，保证供水工程自身不因水权转让使利益受损，同时实现更高效益的供水，缓解供水工程运行维护财务压力，以利于保障供水工程良性运行。

3. 加强政策指导、强化硬件支撑

未来宁夏应当根据国家和自治区内部宏观经济布局的调整方案，大力开展自治区各市县之间、灌区之间的水权转让。在此基础上，宁夏中部干旱带各级政府及相关部门应积极探索宁夏中部干旱带内各市县之间、灌区之间的水权转让以及与宁夏其他地区市县之间、灌区之间的水权转让，建立市县之间、灌区之间水市场，鼓励取水者跨市、跨灌区依法有偿转让其节约的水资源。同时，对于取水者因自身原因水量指标长期不使用的，根据总量控制和定额管理的原则，核减其水量指标，作为新增项目的水量指标，且可以跨市、跨灌区调节使用。

制定出台《宁夏中部干旱带扬黄灌区水权转让管理的若干意见》《宁夏中部干旱带扬黄灌区水权交易市场建设与管理的意见》和《宁夏中部干旱带水市场监管办法》，有效规范水权流转工作并加强水市场规范建设，维护良好的市场秩序。要对水权流转所涉及的各环节作出详细规定，包括水权转让的前期论证、审批、实施程序、补偿、协商、公众参与等；要明确水权转让条件、转让价格、转让期限、转让收益归属、补偿方式的实现形式等；要对跨县市跨灌区的水权转让、生态移民水权转让、基本农田用水保障、农民利益保护等利益保护机制和制度做出规定；要明确监管主体及职责、监管内容和监督事项；明确政府监管和社会监管相结合的监管方式，对社会参与和监督的权利予以明确。还要制定促进水权流转的政策，比如对没有实际使用的水权收费，以增加水权持有人空占水权指标的成本，形成促进水权转让的外部压力机制。

在培育和发展水市场的过程中，还要加强水市场的硬件建设，完善水资源计量、监控、调度等基础设施，为水权交易提供工程支撑；建立信息服务平台，降低交易成本。

11.4　强化节水补灌工程管理

1. 明确节水补灌工程的管理责任主体

2013 年出台的《关于深化小型水利工程管理体制改革的指导意见的通知》（水建管〔2013〕169 号）对深化小型水利工程管理体制改革提出了明确要求。对于节水补灌工程而言，田间配水工程的管理是节水补灌工程持续运行的关键，因此，应落实国家提出的小型农田水利设施产权制度改革的政策，明晰不同管理模式下工程的产权主体，落实管理责任。对于供水公司、种植公司等公司化管理的节水灌溉工程，资产所有权归国家所有，产权施行分级管理。由用水协会管理的工程，产权归乡村集体所有。由县政府向农民用水协会办理产权移交手续，颁发产权证，由协会代表国家行使资产管理职责。产权划归用水户所有，由县政府相关部门办理产权移交手续，颁发产权证。

2. 建立补灌工程运行维护专项扶持资金

由于缺乏稳定的工程维护资金来源，目前延伸区的一些节水补灌工程已经报废或闲置不用，工程的效益难以正常发挥，农民用水也将受到严重影响。为了给工程后期运行维护提供有效资金保障，应争取中央财政支持节水补灌工程的运行管理，设立经常性管护资金财政补助机制。对于专业大户、家庭农场管理的节水补灌工程，可采取"以奖代补""先干后补"的方式，按照种植面积对补灌工程的运行维护提供资金支持，充分调动农民、企业和集体参与节水补灌工程管理的积极性。

3. 加强农民用水户协会建设

建立支持用水户协会发展的财政补贴制度，强化水利、财政等有关政府部门对农民用水户协会的指导和支持，加强对协会管理人员的业务培训，推动用水户协会的发展。同时，依托用水户协会的发展，调动用水户参与灌溉管理的积极性，提高用水户灌溉管理能力。

4. 加强政策指导

根据节水补灌工程维修养护的需要，研究制定《扬黄延伸区补灌工程维修养护管理办法》《扬黄延伸区补灌工程维修养护标准》《扬黄延伸区补灌工程维修养护质量管理规定》《扬黄延伸区补灌工程维修养护责任与追究办法》《扬黄延伸区补灌工程维修养护工作考核验收管理办法》《扬黄延伸区补灌工程及维修养护技术资料管理办法》等规章制度以及扬黄延伸区节水补灌工程供水水价文件，加强补灌工程的管理和维修养护，提高水价管理水平，促进延伸区补灌工程管理和维修养护的规范化、制度化运作。

11.5　积极开展相关培训

1. 加强水权制度建设技术培训

水权转让的顺利实施，离不开水权出让方、水权受让方、水权管理方以及可能受影响的第三方等各方的协同配合。由于水权转让属于新生事物，正处于试点探索阶段，所以，水权转让各相关方都对此较为陌生，需要积极开展相关培训。特别是农业用水者作为水权转让方，为使其充分理解水权转让带来的收益、了解如何获得可转让水权以及了解如何转让水权，必须对其开展宣传和培训，使其产生节水动力和顺利开展水权转让的信心。此外，对于水权管理者，包括省、市、县、农民用水合作组织等多个层面的管理者，也必须通过培训了解并熟悉水权管理的相关事务，提高工作效率和服务能力，促进水权转让的顺利进行。而可能受影响的第三方，也必须通过培训，逐渐培养关注水权转让、判断水权转让对自身是否产生影响以及了解合理保护自身利益的能力。

2. 加强节水补灌工程管理技术培训

依托农民用水户协会的建设，按照 2012 年中央一号文件精神要求，将农民用水户协会人员加大培训力度。与此同时，各级水行政主管部门、灌区管理单位、乡镇水利服务机构也应组织举办各种形式的培训班，对协会人员进行节水补灌工程相关的专业技术培训，以提高基层技术服务能力。

参 考 文 献

[1] 水利部发展研究中心．张掖市水权水价水市场研究［R］，2003．

[2] 水利部发展研究中心．中国水权行政管理体系研究［R］，2007．

[3] 水利部发展研究中心．GEF 海河项目及中国水权研究与实践分析报告［R］，2007．

[4] 水利部发展研究中心．北京市水权水市场建设规划研究［R］，2008．

[5] 水利部发展研究中心．吐鲁番地区基于 ET 的水权行政管理体系设计［R］，2011．

[6] 水利部发展研究中心．宁夏扬黄灌区水量分配及水权研究［R］，2013．

[7] 钟玉秀．对水权交易价格和水市场立法原则的初步认识［J］．水利发展研究，2001，(4)．

[8] 钟玉秀，杨柠，崔丽霞，等．合理的水价形成机制初探［J］．水利发展研究，2001，(2)．

[9] 钟玉秀．国外用水户协会有关法律问题浅析［J］．中国农村水利水电，2001，(9)．

[10] 钟玉秀，国外用水户参与灌溉管理的经验和启示［J］．水利发展研究，2002，(5)．

[11] 钟玉秀，刘洪先．对水价确定模式的比较与研究［J］．价格理论与实践，2003，(9)．

[12] 钟玉秀，刘洪先，杨柠，等．张掖市节水型社会建设试点的经验和启示［J］．水利发展研究，2003，(7)．

[13] 钟玉秀．基于 ET 的水权制度探析［J］．水利发展研究，2007，(2)．

[14] 李培蕾，钟玉秀．澳大利亚的地下水权交易．中国水利，2008，(7)．

[15] 葛颜祥，胡继连．水权市场运行机制研究［J］．山东农业大学经济管理学院．山东社会科学，2006，(10)．

[16] 李晶．中国水权［M］．北京：知识产权出版社，2008．

[17] 王提银，诰永权．进一步完善宁夏水权转换制度的探索［J］．安徽农学通报（上半月刊），2012，(11)．

[18] 王兰明，李彦．内蒙古黄河水权转换总体规划浅议［J］．内蒙古水利，2006，(1)．

[19] 郭莉，崔强．关于农业水权制度的法律思考［J］．安徽农业科学，2009，(28)．

[20] 石玉波．关于水权与水市场的几点认识［J］．中国水利，2001，(2)．

[21] 单以红，唐德善．水权市场结构及其经济学分析［J］．安徽农业科学，2006，(21)．

[22] 魏衍亮，周艳霞．美国水权理论基础、制度安排对中国水权制度建设的启示［J］．比较法研究，2002，(4)．

［23］ 王佳，罗剑朝．区域性水银行制度研究［J］．安徽农业科学，2006，（13）．

［24］ 柴方营，李友华，于洪贤．国外水权理论和水权制度［J］．东北农业大学学报（社会科学版），2005，（1）．

［25］ 杨敏学，完颜华，张国珍．建立水权制度优化配置水资源［J］．兰州交通大学学报，2004，（2）．

［26］ 宁海亮．政府和市场双重作用下水权转让基准价格的探讨［J］．海河水利，2008，（1）．

［27］ 李肃清．对水权转换价格构成的探讨［J］．内蒙古水利，2004，（2）．

［28］ 张仁田，童利忠．水权、水权分配与水权交易体制的初步研究［J］．水利发展研究，2002，（5）．

［29］ 黄河．水权转让存在的问题与对策［J］．水利发展研究，2004，（5）．

［30］ 李燕玲．国外水权交易制度对我国的借鉴价值［J］．水土保持科技情报，2003，（4）．

［31］ 王治．关于建立水权转让制度的思考［J］．中国水利，2003，（13）．

［32］ 冯峰，殷会娟，何宏谋．引黄灌区跨地区水权转让补偿标准的研究［J］．水利水电技术，2013，（2）．

［33］ 李金燕．宁夏黄河水权转换实践分析研究［J］．人民黄河，2009，（9）．